天生科学家

破解儿童语言及行为的密码

曹安洁 著

中国法制出版社
CHINA LEGAL PUBLISHING HOUSE

谨以此书献给我的高中语文老师孙蕾

自序

1

我走进认知发展这个领域的过程，可以说是有些误打误撞。

那是在卡内基梅隆大学的第二个学期，大一的春天。我刚到美国不久，未定专业，很多闲暇时间都花在学校网站上四处收集关于专业的信息。在这个过程中，一个名叫“认知科学”（Cognitive Science）的专业吸引了我。我此前从来没有听说过这门学科。按照学校官网上的介绍，认知科学是一门横跨计算机科学、心理学、语言学、神经科学、哲学和人类学这六门学科的交叉学科。

“哇，好酷！”这是我的第一反应。

和大部分刚刚从高中毕业的学生一样，我对自己的兴趣所在也了解不多。我只知道自己一直喜欢阅读，喜欢写作，从小到大都对文字有种亲近感。随着对认知科学了解的加深，我惊喜地发现，这门学科中的一个核心话题就是语言与思维的关系。我再一搜，发现我们学校的心理系还有一个与认知科学挂钩的实验室，名字里就有“语言”这个词——婴儿语言与学习实验室（Infant Language and Learning Lab）。

很多美国大学的实验室都会招本科生做实验助理。于是我就给网站上登的邮箱发了一封邮件。没过多久，我接到了面试通知，随后在那个暑假，我正式加入了这个实验室。在此之后的三年里，我在认知科学与发展心理学的交叉汇合处越走越深：我加了哲学作为我的第二专业，加入了第二个研究婴儿认知发展的实验室（Infant Language Cognition Lab），申请了很多笔本科生科研基金和两笔暑假做研究的奖学金。最后，我顺理成章地选择了申请博士项目，在本科结束之后继续在这个领域的旅程。

这一切都源于那个“哇，好酷！”的第一反应。

2

如今我时常在想，如果我当时没有选择卡内基梅隆大学，如果我在大一时没有东张西望、误打误撞，我现在会在什么地方，做些什么事情？我经常半开玩笑地说认知科学是我的真爱，可如果没有这些如果，我是不是就和我的真爱擦肩而过了呢？那将会是多么大的遗憾啊。

从另外一个角度想，如果我能早一点知道认知科学，早一点知道它与发展心理学能有这样有趣的交叉，早一点知道，在这个世界上，对于语言与思维之间的关系感兴趣的领域不只有文学与语言学，还有认知科学，那么，高中时期的我与刚上大一时的我，会不会就少了一些迷茫与困惑呢？

这样的念头在我的心底扎根：我想让更多的人能有机会拥有那个“哇，好酷！”的第一反应。

我一直喜欢写作，所以自然而然地选择用写作的方式把认知科学传播给更多的人。我也加入了“神经现实”这个科普组织，认识了很多志同道合的小伙伴。而当“神经现实”介绍给我这个写书的机会时，我自然也不会放过。在本科毕业、博士尚未开学，全世界都因为疫情而停下脚步的那个暑假，滞留在匹兹堡的我决定将我本科期间知道的、学到的和感受到的“哇，好酷！”倾注在纸上。

3

这本书按照话题大体分为四个部分。第一部分是“天生科学家”，深受艾莉森·高普尼克的论文《作为孩子的科学家》启发。这部分的文章着重于介绍在过去几十年里获得了大量关注的认知发展研究课题，包括类比抽象、客体理解、数字概念的发展与因果认知。

第二部分是“天生爱社交”。在这一部分中，我们将从基本认知领域走向与社会认知相关的领域。尤其近 20 年来，越来越多的认知科学家意识到人类认知的方方面面都受到我们社会属性的影响。这一部分的文章将从不同子领域切入社会认知发展：镜像神经元、心理理论、道德的本源与文化心理学。

第三部分是“天生爱语言”。把语言发展单独拿出来作为一个章节，我是略有私心的。这个话题将我引入认知科学与认知发展的大门，也是我花了最多时间探索的领域，我当然对它有所偏爱。在这个章节里，除了探讨一些语言习得中的重要问题，我也追本溯源，呈现这个学科与这个子领域的一些发展历史。

最后一个部分的标题是“重新审视天生”。天生论与后天习得论之间的抗衡在心灵哲学与认知发展中常青。尽管前面章节的标题都隐隐暗示了对于天生论的推崇，但在这一章节，我想后退一步，用更广阔的视角来审视“天生”这个概念的本身。是什么样的证据在支持科学家做出“与生俱来”的推论？而科学家又是用什么样的方法来挖掘出这些证据的呢？

这本书的四个章节与章节中的文章相互独立。如果你对某个话题尤其感兴趣，觉得它给了你最强烈的“哇，好酷！”的反应的话，可以直接从目录跳到那篇文章，不必担心遗漏了前文的知识点。

如果你此前从未听说过认知科学或认知发展的话，我希望这本书能成为一个不那么枯燥的起点，让你愿意继续往前走，往深处探索。

4

在前言的最后，我想说几句大实话。

在准备写这本书的时候、在写这本书的过程中以及在写完这本书的现在，我都有一种强烈的不安感，心底仿佛总有细细碎碎的声音在说：“你是谁，你算老几，你刚本科毕业有什么资格写书？”心情更糟的时候，我还会隐约听见：“啊，别吧，算了吧，你别给卡内基梅隆和斯坦福丢脸了，算了吧，算了吧，算了吧……你没这个资格。”

支持我最终写完这本书的是什么呢？是我的“厚颜无耻”吗？好吧，可能是，但“厚颜无耻”不是故事的全部。

我曾参加过果壳承办的一个“我是科学家”的活动，非常有幸地见到了中国科技馆前馆长李象益老师。李象益老师做了一辈子的科普，我举手问他：“老师，我最近开始写科普文，但我还在念大学，总觉得自己没有写作的资格，您觉得什么样的人才有资格做科普呢？”

李象益老师给我的答案让我铭记在心：“我觉得所有人都有资格，我鼓励大家都去做科普。”

其实换一种角度思考，这种“谁有资格做科普”的顾虑其实是多余的。哪怕是世界顶尖的科学家，如果想做科普，不也要从文献读起吗？所谓的顾虑，也不过是担心自己犯错误被读者挑出来。但作为科普文写作者，也应该期待读者在阅读科普文章的时候抱有批判的精神，希望读者给自己挑刺才对。当然，为了防止错误信息的传播，最重要的是在写作的时候实事求是，多查证资料，利用学校的资源，询问教授的意见。

写这本书是我学习的过程，而不是学习的终点。在此，我也想对在这个过程中指导我、陪伴我的导师与朋友表示由衷的感谢。

我想感谢卡内基梅隆大学的 Dr. Erik Thiessen，Dr. David Rakison，Dr. Wayne Wu 以及 Dr. Marlene Behrmann。没有他们的支持与鼓励，我绝对不会走上科研这条路，也不会与认知科学“一见钟情”。我也想感谢我现在的导师，斯坦福大学的 Dr. Michael Frank，能在读博期间继续我的科普活动，也离不开他的支持。

我想感谢愿意在百忙之中抽空为本书写推荐语的清华大学王莹老师、北京师范大学的胡清芬老师、以及北京大学的苏彦捷老师。三位老师是我十分敬佩的前辈，能够得到老师们的推荐与指点是我莫大的荣幸。

我想感谢在科普路上陪伴我的小伙伴们。首先是“神经现实”这个大家庭。如果没有他们的支持与陪伴，科普这条道路上会少了太多的乐趣。我尤其想感谢岳川、亦兰与春天，他们是“神经现实”的主创，也是让这个社群格外有爱的主心骨。我想感谢贾小涵，我们在那个漫长的暑假里互相激励打卡。我写书，她备考。如果没有一个相互加油鼓励的朋友，这个过程会加倍艰难。我想感谢王一乔，我们在申请季面试时认识，而她对我的文章提出了宝贵的意见与建议。

最后，我还想感谢我高中的语文老师孙蕾。如果没有她当年对我写作这一爱好的支持，我不会在高中毕业前出版我的第一本书，也不会在大学期间对语言仍然拥有无穷的热爱，自然也不会选择学习认知科学，选择读博，选择写这本书，我将这本书献给她。

曹安洁
2021 年 6 月
于帕洛阿托

推荐序

“哇，好酷！”

希望你读这本书时，和我一样有这样的感叹。

小宝宝们好酷。他们出生才几个月，一直躺在床上，不会说话，却知道那么多的事情，对这个世界有那样深刻的理解。

认知发展心理学家好酷。他们用那些精妙的研究，让不会说话的宝宝们，向他们娓娓讲述着宝宝内心的精彩与丰富。

认知发展心理学好酷。承袭千年来人类对自身认识规律与起源的哲学追问，这个学科正在用最先进的科技手段和实验思想探索着人类关于自己从哪里来、到哪里去的秘密。

这本书的作者好酷。她如此幸运，走进了这个美妙的学科，又如此幸福，那样深情地爱着它。我猜，在这个领域中，她还有精彩而漫长的未来，但此刻，她已经迫不及待地要向整个世界讲述她眼中看到的星辰大海。

这一切都很酷，特别酷。

北京师范大学心理学部教授　胡清芬

人类毕生发展的伟大，都源于小小婴儿对这个世界具有科学性、创造性的理解。

这本书的读者应该是渴望理解人类心灵发展起点，希望将科学养育从出生就做起的人。这本书系统、生动地讲述了婴儿期的我们如何认知世界，学习语言，读懂人心和适应环境，用经典的理论和前沿的研究让读者在一个个实验中理解人类心灵的先天奇妙。这样，我们才能真正理解婴儿的思维和能量，提供更适合他们探索的环境和支持，激发他们最大的潜力，让生命的发展拥有更多的可能性。

我喜欢作者这样描述小婴儿和科学家的关系："从生命伊始，我们的认知能力中就藏有科学性思维、创造性思维所必需的原材料。"

清华大学社科学院心理学系助理教授　王莹

目录

CONTENTS

第一章　天生科学家

天生科学家

1

这个三个月大的婴儿很快就注意到了她面前动来动去的小玩具。

她坐在妈妈的腿上，双目炯炯有神地盯着它们。偶尔，她的目光会被正在操纵这些玩具的实验人员所吸引，但那些色彩缤纷的小玩具就像拥有磁力一样，又把她的目光吸引回来。

不过，不消一会儿，磁力好像就消失了，她以自己的方式宣布了无聊：目光一转，看向别处。她不再盯着这些玩具看了。

这是本次实验的最后一个环节了。随即，实验人员就把这些玩具回收整理好，将妈妈和宝宝带回等候室里。实验人员简单地解释了实验的内容，这是一个有关“类比抽象”（analogical abstraction）的实验。这项实验主要是探究三个月大的婴儿的信息处理（information processing）能力，他们是否已经可以胜任处理“类比关系”。

乍一听，婴儿与“信息处理”这个词听上去像是八竿子打不着的关系。婴儿床里这个胖乎乎、粉扑扑的小天使，与“信息处理”这个抽象、冰冷、机械的概念之间，能有什么联系呢？

但是，如果我们接受认知心理学所采用的中心思想，即“心灵即计算机”（mind as computer），那么，将婴儿的一举一动看作信息处理能力的表现，就没有什么好奇怪的了。

“心灵即计算机”的比喻，来自认知心理学中的“心灵的计算理论”（the computational theory of mind），它诞生于心理学20世纪中叶经历的认知革命。在这一理论中，人的心灵就是一个计算系统——无论是在耳边低语的夏日微风，还是在眼中闪闪发光的璀璨繁星，我们所感知的一切，所听、所闻、所尝、所触；我们所思考的一切，所想、所思、所渴望、所相信——所有的这一切，都是由一个计算过程来实现的。

而如果我们将人类的心灵理解为一个计算系统，那么接下来一个自然而然的问题就是：它从何而来？

2

像心灵一样复杂精密的系统，绝非某年某月某日从天而降。

溯源的最好方式自然是回顾历史：人类文明的思想史——从茹毛饮血、刀耕火种的年代，到坐拥上天入地、起死回生技术的今天，与每一个人的成长史——从当年襁褓里嗷嗷待哺的无助婴儿，到数十年后如今正在阅读这行文字的你。这两部建立在不同时间尺度上的历史，记载的都是心灵的发展历程。

心理学家很早就注意到儿童认知发展与科学发展之间的相似性。发展心理学家苏珊·凯里（Susan Carey）也发现，儿童的概念变化（conceptual change）在许多方面都与科学进步中所出现的变化相似（Carey，1985）。

科学的发展有时被刻画为由一系列的“范式转变”（paradigm shift）构成（Kuhn，1962）。这一观点，最早由20世纪科学哲学中的重要人物托马斯·库恩（Thomas Kuhn）提出。按照这种观点，一门科学的进步离不开这门科学的概念与方法上的根本性变化，而这些变化是不连贯的，是彻底的。

凯里指出，在儿童的成长过程中，他们也会经历自己的“范式转变”，这种范式转变又被称为概念变化。

概念变化的一种形式是概念区分（conceptual differentiation）（Carey and Spelke，1996）。举个例子来说，一个孩子如果想要理解“重量”和“密度”这两种概念，概念区分是不可或缺的。“密度”这个概念虽然和“重量”有所关联，但对于“重量”更深入的理解，并不能保证小朋友们可以正确地理解“密度”。这样的例子在科学史上比比皆是。比如说，速度被区分成平均速度和瞬时速度两种概念，而热能与温度也曾被视作一体，在概念区分后才拥有不同的定义。

凯里认为，无论是儿童也好，还是科学家也好，这种概念上的根本变化都是发展中的必经之路，甚至这些变化都有可能是由相似的心理认知机制所主导的。

3

“我并不是想说孩子都是小科学家，我想说的是，科学家都是大孩子。”著名的发展心理学家与哲学家艾莉森·高普尼克（Alison Gopnik）曾这样写道。

在她题为《作为孩子的科学家》（“The Scientist as Child”）的文章中，她提出了这样一种观点：我们应该用认知的方式来理解科学（Gopnik，1996）。科学之所以能够如此成功地“弄清楚事情”，是因为科学恰好“利用了强大而灵活的认知机制”。这些认知机制是由进化过程所设计的，设计的目的就是帮助婴幼儿更好地学习。而同样的机制，也让科学家们受益终身。

一些学者认为，类比思考（analogical reasoning）就是在微观意义上贯穿宝宝们的认知发展过程、在宏观意义上推动科学进步的一种认知机制。

类比在我们的生活中无处不见。它可以很有效地帮我们理解新的概念。一个常见的例子就是火炉和线粒体之间的类比。对于初学者来说，“线粒体”这样晦涩的名词也许很难理解。但通过将线粒体类比成火炉这个常见的概念，我们就可以通过对火炉的了解，推断线粒体可能为细胞提供能量、可能需要氧气才能发挥作用（Gentner and Maravilla，2018）。

有趣的是，类比不仅使初学者更容易理解深刻的概念，也会帮助一个领域的专家产生新的点子。

马里兰大学（University of Maryland）人类发展与定量方法学系教授凯文·邓巴（Kevin Dunbar）曾进行过一项研究，

专门来探索科学家到底是怎么思考的（Dunbar，1997）。

在整整一年的时间中，他流连于由四位顶尖分子生物学家领导的实验室中。邓巴定期参加实验室会议，对科学家们进行了认真细致的采访。他完整地录制了视频、音频，翔实地记录了实验室会议中所有的交流讨论。邓巴之所以对实验室会议这么看重，是因为他认为只有实验室会议尤其鼓励集思广益，科学家们最有可能进行自然而然的“大声思考”（think-out-loud），想一步、说一步。

在实验室会议中观察科学家，就好像在动物们的“天然栖息地”里对它们进行观察一样，更容易获得贴近真实情况的资料。

而邓巴的发现也没有让人失望：对于这些顶级科学家来说，类比也是他们最常使用的思考方式。邓巴发现，在他的访问期间，他所参加的每个实验室会议中，科学家们的交流讨论里平均会出现 6.1 个类比。这些类比常常出现于他们在探讨新概念或者新实验方法的时候，想想概念 A 与概念 B 之间是否存在一些对应关系等。

类比不仅能帮助普通人和科学家更好地理解新概念，更重要的是，它也是创造性思维的核心组成部分之一。在经历了一年的观察后，邓巴认为，类比思考，正是能使科学家不断产生新颖想法、不断将科学的前沿向前推进的重要元素。

4

而类比的能力绝不是凭空产生的。

事实上，三个月大的婴儿可能已经拥有一些较为初级、原始的类比学习能力：他们能够发现、理解物体之间的关系（Anderson，Chang，Hespos，and Gentner，2018）。

可是，三个月大的小宝宝又不会说话，科学家是怎么知道宝宝真的理解了事物之间的关系呢？为了探究婴儿的认知能力，发展心理学家们常常依靠注视时间这一度量进行推测。较长的注视时间通常意味着婴儿注意到了一些新事物的出现。

在这个实验里，宝宝在测试开始之前，会看到一对又一对的玩具出现在他们面前。有的宝宝看到的是一对两个彼此相同的玩具，有的宝宝看到的则是两个彼此不同的玩具。但在测试阶段，这些宝宝会再次看到一批崭新的玩具。他们之前从来没有见到过这些玩具本身，但是这些玩具会构成他们熟悉的“相同”或“不同”的关系。

如果他们对某种组合注视的时间更长，就说明宝宝的注意力并不仅仅集中在玩具本身，还在这两个玩具之间构成的关系上。

通过向婴儿展示成对的物体，研究人员发现，不过三个月大的婴儿就已经能够处理物体间抽象的类比关系。比方说，如果一个宝宝多次看到两个相同的玩具熊和两个相同的玩具恐龙，那么，在接下来的测试中，如果这个宝宝看到的是两个崭新的相同的洋娃娃，这个宝宝就会将之前所理解的“相同”这一抽象的关系，类比延伸到现在这两个新玩具上。

而如果这个三个月大的宝宝多次看到的是两个不同的玩具，像一个玩具熊和一个玩具恐龙，或者一个小红球和一个小积木块，那么，在接下来的测试环节中，这个小宝宝也会将所学到的“不同”，类比到现在的两个崭新且不同的玩具上。

不过，能够理解物体间的关系只不过是产生类比思维的第一步。

如果想要达成像科学家那样强大的类比推理能力，宝宝们需要发育出更好的执行功能（executive function）。广义上来说，执行功能是指选择、维护和抑制工作记忆中信息的能力。而在执行功能任务中得分越高的小朋友，在之后进行的类比推理任务中的得分也就越高（Doumas，Morrison，and Richland，2018）。

除此之外，宝宝们还需要学会使用语言。有实验证据表明，三岁的儿童在学会使用“相同”和“不同”这两个词来表达物体之间的关系后，他们就可以更好地判断出场景中存在的类比关系（Christie and Gentner，2014）。

从小宝宝到科学家，这之间还有很长的路要走。但在三个月大的婴儿身上发现的类比抽象能力进一步地确认了一点：那些推动科学发展的人，并不是拥有某种“超人思维”能力的人。相反，从生命伊始，我们的认知能力中就藏有科学性思维、创造性思维所必需的原材料。

5

我们是如何从一个温暖的小小摇篮，一直走到人类已知的边界的？我们究竟是如何从这里走到那里的？

心理学中的认知发展这一领域，正是要回答这一系列令人着迷的问题。

我们的起点究竟在哪儿？究竟是从经验主义者所希望的“白板”（tabula rasa）中起步，还是像理性主义者所认为的那样，与生俱来就拥有大量的先验知识？也许更有可能的是，我们的起点在经验主义与理性主义之间的某点，但这个某点究竟在哪儿呢？

我们的终点又在哪里？心灵的本质如果真的是一个计算过程，那么我们理性的边缘在哪儿？我们是否命中注定无法理解某些事物？成年人的认知系统，也仍存在着太多的未解之谜。

而最重要的问题是，我们是如何从起点走到终点的？我们是如何成长的？是什么样的发展机制使我们最终成为我们，像我们一样去思考、去探索、去爱、去笑、去享受艺术之美？

这些问题太难回答，也太需要回答了。

有人认为每个人从起点到终点走过的这段路，恰好是人类文明进步在我们个体生活上的投影：科学的进步与认知发展，都是由某种人类的认知机制所主导、所驱动。但也有人认为，也许有更大的未知在等着我们。

范式转变并不是描述科学进步发展的唯一方式。另外一名同样举足轻重的科学哲学家拉卡托斯（Lakatos）就认为，如果想更好地描绘与评估科学的发展，我们应该着眼于科学的“研究纲领”（research programme）。

每一个研究纲领都包含一些由基本理论构成的“硬核”。这些基本理论四周存在一些起到“保护带”作用的辅助性假设。随着科学的发展，研究纲领的辅助假设很有可能会被新的假设取代。但是，只要核心假设不被实验结果反驳，研究纲领就可以继续发展进步（Musgrave and Pigden，2016）。

宝宝对这个世界的理解，是否也是以这样“硬核”与“保护带”共存的方式慢慢进步的呢？

6

的确，越来越多的证据表明，儿童经历的许多概念变化，远非像早年间发展心理学家之父让·皮亚杰（Jean Piaget）所构想的那样突然。当时，他认为人类的发展经历了四个发展阶段。处于某一阶段的孩子，在思维、感知和行为上，都与别的阶段的孩子有着本质上的不同。而阶段与阶段之间的变化也是突然而彻底的。

然而，后来的研究人员发现，皮亚杰所发现的一些“质的变化”，也许并非真的像他所形容的那样跳跃。如果一个孩子在某个旨在探究某种认知能力的任务中失败了，这并不一定说明这个孩子真的缺乏这种能力。相反，许多其他因素都有可能造成这种失败。孩子可能在运动控制上的发育尚不完全，也许他还无法灵巧地捡起实验人员所希望他捡起的小物块。孩子还有可能缺乏完成这项任务的动力，也许他还在背地里嘟着个小嘴闷闷不乐：“我为什么非要这么做不可？”

这些原因都说明，宝宝在成长的过程中，有更多的“循序渐进”，而不是“突飞猛进”。（Siegler，DeLoache，and Eisenberg，2003）。而这样更加渐进式的图景，似乎更吻合拉卡托斯的科学哲学。

自物种起源之日，我们从未停止过繁殖与抚育后代。但是，也仅仅是近百年来，当代科学才第一次登上人类文明的舞台。而关于婴儿研究的科学，也是在近几十年里，随着新的行为研究范式与脑成像技术的发展，我们才得以有机会了解婴儿的小脑瓜中究竟在想些什么。

我们生活在一个科学时代。科学家的劳动成果构成了人类文明的基础。有的科学家研究婴儿的一颦一笑，对心灵的本质、心灵的发展着迷不已；有的科学家研究物理世界，一生都在寻找暗物质，或者聆听宇宙的背景噪声；还有的科学家致力于探索生命的奥秘，分析 DNA 序列，以寻求解码治愈癌症的关键信息。

但在这些不相同之下是本质上的相似——所有科学家都彼此相似，与你我相似，他们都曾经是小小的婴儿，你我都曾经是小小的婴儿。

你刚出生时，是如何理解这个世界的？

1

“当一个物体消失在视野之中，这个物体还存在吗？”

对于成年人来说，这个问题几乎简单到荒谬的地步。但是在儿童心理学家让·皮亚杰的理论中，这种对于物理世界基本原理的理解，是婴幼儿成长发育中的里程碑式事件。

这样的能力，又叫客体永存性（object permance），是指对外界事物的存在是否独立于我们的主观视角的判断（Piaget，1954）。成年人都知道，当一个球消失在你的视野里，它并没有从这个世界上消失，而当一个球进入你的视线范围内时，也不意味着这个世界上凭空出现了一个球。

但同样的问题，对于小婴儿来说可能就显得困难重重了。心理学家威廉·詹姆斯曾说，婴儿面对的世界不过是“一团怒放而嘈杂的混乱”（James，1890）。而在皮亚杰的理论中，客体永存性的意识至少要到婴儿九个月大的时候才会出现。在此之前，婴儿由于没有客体永存性的概念，甚至都不会去主动寻找被藏起来的小玩具。不管这个小玩具平时有多吸引宝宝们的目光，只要它消失在视线范围里，宝宝们就会觉得它彻底消失在这个世界上了。也就是说，在这些小婴儿的认识里，所有看不见的东西都等同于不存在。

婴儿对于客体认识的局限性还体现在他们会犯的“A 非 B 错误”（A-not-B error）中。

这个错误对于成年人来说更加匪夷所思了：在婴儿面前准备 A、B 两块盖布，并且当着他的面将一个小玩具藏在 A 盖布下。一开始，这些婴儿会掀开 A 盖布，找到小玩具。但如果在藏到几次 A 盖布之下后，突然改成把小玩具藏在 B 盖布下——这些眼睁睁地看着小玩具被藏在 B 盖布下的婴儿，还是会伸出小手去掀 A 盖布。皮亚杰认为，这同样说明处于生命初期的婴儿，对于客体的认识极为有限。

人类婴幼儿时期的奇诡之处常常被人类社会发达的社会结构与文化传统所掩盖。对于我们这些在世界上生活已久的大人来说，其实已经很难想象缺失客体永存性这样基本的概念会是一种什么样的感觉。而我们也常常忘了，就连站在人类文明巅峰的量子物理学家们，在人生伊始阶段，对于物理世界的全部理解都要从客体永存性开始。

可是成长过程中究竟发生了什么呢？我们是如何从一个连视觉系统都不成熟的生物体，经过漫长的幼态持续，变成地球上唯一建筑了文明的物种，具有了探索宇宙奥秘的能力呢？

2

为了更好地探究人类客体永存性意识的发展，20 世纪 80 年代末，有研究者设计了一系列实验来测试婴儿对于物理世界的理解。

在这项发展心理学的经典之作中，伊利诺伊大学（University of Illinois）的热内·巴亚热昂（Renee Baillargeon）与她的合作者一道，测试了一些只有五个半月大的婴儿。

这些小宝宝被爸爸妈妈带到实验室里之后，要反复观看一个“木板后倒”的事件：一块木板，由两条线牵引，像吊桥展开一样慢慢向后倒去。当这些小宝宝看腻了这个动作之后，研究人员会通过在这块木板后放置一个小木块给这些小宝宝呈现“可能事件”和“不可能事件”。

在可能事件里，这块木板后面被放置了一个小木块。由于小木块会阻挡木板后倾，所以当木板向后倾斜到一定程度时就会停止，像是被“卡住”了一样。而在不可能事件中，虽然这块木板后面同样有一个小木块，但通过巧妙的实验操作，这块木板在向后倒的时候，会像无视物理法则一样，魔术一般穿过小木块，完全倒下。

这样的实验设计很巧妙地测量了婴儿对于客体永存性的理解。虽然木板向后倒下的时候遮盖住了小木块，让小木块消失在了宝宝的视野里，但如果在这些五个半月大的婴儿的眼里，那些小木块仍然存在于这个世界上，仍然保有“固体”的特性，那么它就应该阻挡木板的后倾。而“穿过小木块”这样的古怪事情，应该能够更好地吸引宝宝们的注意力——宝宝们应该更长久地盯着木块看。

相反，如果像皮亚杰所说，婴儿没有客体永存性的意识，以为消失在视野里的事物就永远地消失在世界上的话，那么不可能事件和可能事件对他们而言应该没有什么区别。

然而研究人员发现，这些不过五个半月大的婴儿，真的会花更多时间盯着“不可能事件”看。

值得指出的是，如果婴儿只是基于视觉信息做出反应的话，那么按道理来说，应该是“可能事件”要比“不可能事件”看上去更新奇一点。毕竟在“可能事件”中，木板被一个小木块“卡住了”，移动了更短的距离，和他们之前看到的木板倒下的事件样子不同。

在这种情况下，婴儿还是会花更长的时间注视视觉信息更相似、运动轨迹更相似的“不可能事件”。巴亚热昂认为，这说明五个半月大的婴儿就已经出现了对“客体永存性”的理解，远比皮亚杰理论中出现得更早（Baillargeon，Spelke，and Wasserman，1985）。

3

五个半月，不到两百天。在人生中最初的短短两百天里，婴儿有大量的时间处于睡眠状态。即使在清醒时刻，他们未发育成熟的视觉系统也很难帮助他们对于这个世界进行细致入微的观察：在人生第一年里，婴儿对于颜色和反差的敏感度，都要远逊于成年人（Teller，1997）。尤其是在最初的六个月里，婴儿能看到的世界，对于成年人来说可能就是一团灰蒙蒙的模糊存在。

很难想象，只有这样短暂、低质量的视觉经验的婴儿，能够通过观察周遭世界来逐渐熟悉物理世界的基本法则。

面对这样的难题，哈佛大学（Harvard University）心理学家伊丽莎白·斯贝吉（Elizabeth Spelke）提出了核心知识理论。她认为，人类天生就拥有一小部分相互独立的核心知识系统。

这些核心知识系统是人类认知结构的固有特征，在出生时就存在。只是随着婴儿不断发育，并且拥有更多经验，这些核心知识系统会得到发展与完善，逐渐形成更成熟、复杂的知识（Spelke and Kinzler, 2007）。

这些核心知识系统中就包括对于客体的理解。

比如，关于客体的知识系统由一系列物理运动的原理组成：接触（contact）、凝聚性（cohesion）和连续性（continuity）。在观察生活中常见的客体运动时，这三条原理都不可或缺：接触原理是指一个客体如果想使另一个客体产生运动，只能通过客体与客体之间的接触完成；而凝聚性是指客体在运动中仍然会保持一个有边界的、联结在一起的整体；至于连续性，则是婴儿能够理解客体永存性的重要一环：物体的运动路径必须是一条连贯的、不受阻碍的路径。

在巴亚热昂的实验中，木板的运动明明应该受到阻碍，却仍然顺畅地“倒下”。婴儿之所以会盯着“不可能事件”看更长时间，正是因为在“不可能事件”中，物体的运动违背了连续性的原理。

斯贝吉的核心知识理论，从各种意义上说都与主导实验心理学已久的经验主义背道而驰。

经验主义（empiricism）起源自17世纪的英国。简单来说，它认为我们的知识来源于我们的知觉经验。我们对这个世界的认识，都扎根于感官系统提供给我们的信息。一开始，经验主义是心灵哲学家们探讨的话题。但随着心理学逐渐脱离哲学，变成一门独立的实践科学，经验主义也变成了心理学家们青睐的理论视角。尤其是在20世纪中后期的心理学认知革命之后，“感官系统是人类知识的起源”更是逐渐成为认知科学与心理学的背景色。

但经验主义从诞生之日起，它的“老对手”理性主义（rationalism）就一直相伴左右。先天主义与经验主义相反，先天主义认为知识的来源并不仅仅是单纯的感官经验。人类的理性，同样也能作为知识的源泉。这样的理论学说，在后来演变成先天论（nativism），认为人类之所以能拥有知识，一些与生俱来的“模块”“认知结构”等是不可或缺的。然而，这样的先天主义在实证科学的土壤里，一直不被人看好。甚至有人认为这种论点几乎全然来自猜测，来自以前哲学家们的遐想。先天论本身，是心理学家与哲学家都可以“安全抛弃”的观点（Cowie，1999）。

可是巴亚热昂等学者对低龄婴儿的研究，迫使学界不得不重新审视针锋相对的经验主义与先天主义。

4

在今天，“天生如此”与“受环境影响”之间的界限，早已比三百年前哲学家们所能想象的更加模糊。我们拥有超声成像技术可以一探尚未诞生的小宝宝的真面貌，也拥有对于表观遗传学的了解，知道基因并不能决定一切。在科学进步的大背景下，我们审视先天与后天的视角也需要与时俱进。

1983 年，美国心灵哲学家福多（Fodor）在《心理模块性》一书中，第一次详述了“模块性”的概念。他认为，人类的认知结构由模块组成。这些模块相互独立，各自信息封闭。这些模块也同时具有领域特异性（domain specificity）。也就是说，如果一个模块负责处理物理信息，那么它也就只负责处理与物理世界相关的信息。它在处理这些信息的过程中，还不能读取其他模块所具有的信息。

模块性的理论，不仅为心灵哲学家开拓了理论上的新天地，还重新构造了先天论与经验论的辩论框架。在如今的双方辩论中，先天论与经验论的主张者都认同先天与习得对于发展有着不可或缺的重要影响。双方没有达成共识的方面，主要在于人类先天的认知结构的具体形式。（Margolis and Laurence，2013）

如斯贝吉这样的先天论者，认为人类先天的认知结构并非白纸一张。借用福多的语言来说，就是拥有一些“具有领域特异性”的模块。而当代的经验论者虽然也认同人类认知结构先天就存在一些限制，但与先天论者不同的是，他们并不认可“模块”的存在。经验论者认为，人类的知识可以由一些具有领域一般性（domain general）的机制来获得。

就用婴儿的物理知识从何而来举例。对于先天论者来说，对客体的理解起源于一些先天的“物理模块”，专门负责处理有关客体的信息；而对于经验论者来说，这样的知识完全不用依赖于某种特定的习得机制。用来习得客体永存性的机制，同样也可能是小宝宝们用来习得数字、习得主体性的机制。

这也难怪当代经验论者格外偏爱联结主义的神经网络模型：平行式分布加工（parallel distributed processing）的模型。这样的计算模型，不需要假设某种特定学习机制的存在，也能对于像客体永存性的认知现象进行模拟。

计算心理学家宗像裕子（Yuko Munakata）就曾搭建过一系

列简单的全连接网络，模拟婴儿对于物理世界的理解（Munakata，1998）。她认为，这样简单的模型就足以解释皮亚杰观察到的婴儿“A 非 B 错误”：婴儿虽然眼睁睁地看着物体藏在 B 盖布下，但他们还是去 A 盖布下搜寻物体。她认为，寻找隐藏物体对于低龄婴儿的运动机能、协调能力都有着很高的要求，他们对于客体的心灵表征还处于弱而不完整的阶段，充其量也只能支持他们动眼、调动视觉注意力系统。宗像裕子通过调整全连接网络模型中客体表征的强度，复原了婴儿会犯下的错误。

按照奥卡姆剃刀“如无必要，勿增实体”的原则，也就是说，面向同时能解释一项预测的不同假说时，我们应当优先选择假说中包含假设更少的那一个。如果像全连接网络这样的通用学习机制都能对这种认知现象进行模拟，又何必构建出一些专门负责处理“物理”的心灵模块呢？

当然，平行式分布加工模型究竟能在何种程度上模拟认知现象仍然充满争议。简单几层的联结主义模型，真的就能揭开肉乎乎、粉团团的小宝宝们的心灵世界吗？这些模型所跑出来的数据，百分之零点几的错误率，又能在何种程度上揭晓人类认知结构的奥秘——这些问题，都是迫切需要经验主义者提供答案的。

5

2013 年，哲学家马克·比克哈德（Mark Bickhard）与他的学生合著了一篇论文，重新质疑了先天论与经验论的对立关系。

他认为，在当代的发展心理学与心灵哲学中存在对于皮亚杰理论的严重误读，而先天论与经验论的双方，无论设计怎样的实验、进行怎样的计算建模，都不能彻底解决“知识从何而来”的问题。他们提议，心理学家们应该重新考虑一种以行动为基础的理论：婴儿对于物理世界的心灵表征，起源于自身行动与外界环境的交互（Allen and Bickhard, 2013）。

但是，这毕竟仅仅是理论。在先天论与经验论双方都累积了大量的实验证据面前，这样折中的理论，并没有得到太多人的支持。

人类对于物理世界的探索，可以上溯到前苏格拉底时期的自然哲学家们。几千年过去，人类对于物理世界的理解历经了无数次革命。但是处于人类“出厂设置”阶段的婴儿，对于物理世界的理解究竟是如何开始，又是如何完善的，至今仍然是一个谜题。这样的谜题正如同心灵的本质一样令人着迷而激动。对于人类心灵与认知的研究，就如同任何科学发展的进程一样，都是“进一寸有进一寸的欢喜”，都是“虽不能至，心向往之”。

婴儿是地球上最接近外星人的物种。这些大眼睛、皱皮肤、圆肚子的“人形生物”，使用奇特的方式进行移动，经常性地发出意义不明的声音信号。但这些“小外星人”同时也是最接近人类本质的物种：如果心灵的本质真的存在，我们只能将目光投向这些刚刚问世不久的婴儿。呱呱坠地的他们，就和古往今来任何一个人一样，具有去探索、去发现、去创造、去体验生而为人的美妙与痛苦的潜能。

用物理学家理查德·费曼（Richard Feynman）的话来说：

“物理并不是最重要的事情，爱才是。”我们也许永远都无法真的钻入这些奇特生物的小脑瓜里一探究竟，他们是如何理解这个世界上的物理现象的。可这并不妨碍我们做最重要的事情——去爱，因为他们象征着人类的未来。

一二三四五，宝宝不怕数

1

如果你曾经在书店的婴幼儿绘本区徘徊的话，也许会因给小朋友们看的数字书的数量之多、种类之丰富而感到惊讶。为了帮小朋友们学习数字，童书作者往往会绞尽脑汁地用明亮的色彩、有趣的形状填满书页，尽量让抽象的数字变得生动起来。

自然数是孩子与数学的第一个接触点。在如此重视理科教育的当下，新妈妈、新爸爸们一定格外操心孩子什么时候能够学会数数。这项技能常常被认为是孩子成长过程中的一个里程碑：通常，宝宝在进入幼儿园前，两岁左右就会开始数数。

然而，尽管人们普遍认为计数是儿童理解自然数概念的一种重要手段，但值得注意的是，单纯地会数“一、二、三”并不意味着孩子们明白这些数字的真正含义。

20 世纪 90 年代初，为了测试宝宝们对数字的理解，发展心理学家卡伦·温（Karen Wynn）曾进行了一系列经典实验（Wynn，1990）。

在这项实验中，她招募了两岁半、三岁和三岁半这三个年龄段的孩子。在实验中，小朋友们会认识一个新朋友：小玩偶大鸟。实验人员告诉小朋友们："大鸟最近遇见了一些小麻烦：它忘记怎么数数了！你能帮帮大鸟数数它有几个玩具吗？"

在此之后，实验人员会鼓励小朋友们数一数桌子上的玩具。这个小实验一共有四个回合，在每个回合中，实验人员会摆出两个、三个、五个或六个玩具。卡伦·温发现，在这个实验中，就连年龄最小的孩子，有时都会简单地"数数"。只不过，这些小孩子在数数时经常会用"一、三、四、八"这样不正确的数列。而当被问及"一共多少"的时候，只有三岁半的小朋友们才明确地知道数数所数到的最后一个数是"多少"的答案："一、三、四、八——一共八个玩具！"

而让孩子们遇到更大困难的，是名叫"给个数"（give-a-number）的实验任务。

如果实验人员问这些会数数的孩子："你能不能给大鸟三个玩具呢？"卡伦·温发现，有一部分大孩子会选择与其他小朋友截然不同的方法。如果实验人员索取的玩具数量在一个以上，那么只有这一小部分年龄较大的孩子会选择数出相应数量的玩具。更多的小孩子会选择随便抓一把玩具，放在大鸟面前。

这些随便一抓的孩子并非对数字不了解：在不久之前，他们刚刚成功地数出了"一、二、三"。但是，这样的一把抓似乎也意味着他们并不明白数字"三"这个字眼儿所对应的量值是什么。

2

这个发现可能会让一些爸爸妈妈感到失望：通常，在三岁半之前的幼儿中，简单地学习计数并不意味着孩子已经了解这些数词的意思。在这个年龄，他们还没有完全了解计数和数字之间的联系。

但是，需要指出的是，不能将数词和数量相互对应起来，并不意味着小朋友们完全没有感知数量大小的能力。事实上，有大量证据表明，哪怕是还没有开始牙牙学语的婴儿也有基本的数感。

当今大多数发展心理学家认为，人类感知数的能力发源于两个相互独立的认知系统：一种称为“近似数量表征系统”（approximate number system），另一种称为“平行个体化系统”（parallel individuation system），又称精确数量系统（Feigenson, Dehaene, and Spelke, 2004）。

近似数量表征系统，顾名思义，提供的是对数量大小进行估计的能力。这个系统基于数量的模拟幅度（analog magnitude）。简单来说，当人们面对不同的数量时，形成的表征的物理形态与数量相对应。就拿线举例：不同的数量形成的表征可能是不同长短的数字线。越小的数对应的表征会越短，而越大的数对应的表征则会越长。这种表征系统的优势在于，即使我们无法得知具体、精确的数值，我们也能“一眼看个大概”，估计出数量的大小。

年龄很小的婴儿就已经可以依赖这个系统来分辨数量了。研究人员发现，六个月大的婴儿就能对数量进行区分。这些宝宝要等到近两年之后才能真正学会数数，但是在襁褓里的他们已经可以分辨出屏幕上圆点数量的不同。对于这些小宝宝来说，屏幕上显示了八个圆点还是十六个圆点也是不同的。不过，由于这些宝宝是依托于近似数量表征系统来分辨数量的，他们的分辨能力受到比率的限制。八与十六对应的比率是一比二，宝宝们尚可胜任。但如果需要分辨的圆点数量是八与十二，对应的比率上升到了二比三，那六个月大的宝宝就看不出这两者之间的区别了（Xu and Spelke，2000）。

除了通过近似数量系统估计数量大小，婴儿们还可以形成精确数量的表征。

这得益于另外一个系统——“平行个体化系统”。在这个系统的帮助下，宝宝们可以同时精确地追踪视野里的多个客体，具有一定精确的数量概念，而无须将这些客体数量转化成“差不多、大概其”的模拟表征。

但是，这样的精准是以它的作用范围缩小为代价的。这个系统受到数量大小的严格限制，婴儿最多只能同时追踪四个物体。在一个经典的实验中，实验者将不同数量的饼干依次藏入十个月大的婴儿面前的两个容器中。如果婴儿能够分辨哪个容器中的饼干更多，他们则会更倾向于把小手伸进那个容器里去找饼干。在这个实验里，婴儿看到实验者先往一个容器里藏了一块饼干，再往另一个容器里一前一后藏了两块饼干。这个时候，他们会偏好这个藏了两块饼干的容器，就好像他们真的知道一加一大于一似的。

这些小宝宝可不懂加减法。但是，平行个体化系统可以帮助他们精准地追踪两块藏入容器中的饼干。而如果实验者在一个容器中依次放入三块饼干，在另一个容器中放入四块——这个时候，饼干的数量已经超过平行个体化系统能追踪的数值的上限，宝宝们也就无法比较两个容器中哪个饼干多，哪个饼干少了（Feigenson，Carey，and Hauser，2002）。

3

平行个体化系统和近似数量表征系统，对于儿童数字概念的发展，是缺一不可的。平行个体化系统使孩子们能够精确地把握小数目“一、二、三”的含义。而近似数量表征系统使孩子们能超越平行个体化系统的大小限制，掌握十、百、千、万以及无穷的含义。

为了勾勒出孩子们对数字概念掌握的心理发展轨迹，发展心理学家马修·勒·科尔（Mathieu Le Corre）和苏珊·凯里给三到五岁的小朋友们设计了一组实验（Le Corre and Carey，2007）。

首先，小朋友们参与了卡伦·温设计的“给个数”任务。这个任务在之后已经逐渐演变成用来评估孩子们对于数字含义掌握程度的经典任务。就拿“三”来说，如果一个孩子能够理解“三”的含义，他们就只有在“请给我三个玩具”的请求下，才会交给实验人员三个玩具。而如果孩子们能够正确地回应“六及以上”的请求时，这些孩子就会被归类为“基数原理掌握者”（cardinal principle knower）。他们明白，在数出一个合集中的个体数量时，他们数到的最后一个数字对应的就是这个合集中个体的数量。而到了这样的理解程度，一个孩子也就可以被视为理解数字与数量之间的关系了。

然后，在勒·科尔和凯里的实验中，绝大多数三到五岁的孩子都能至少完整地从一数到十。但“给个数”任务表明，这些孩子对于数字含义的掌握其实是参差不齐的。一般来说，随着孩子们的年龄增长，他们掌握的数字也逐渐增多。在这一实验中，能掌握数字“二”含义的孩子的平均年龄在 3.8 岁，而“基数原理掌握者”的平均年龄在 4.4 岁。

不过，真正令人惊讶的是这些孩子在一项名叫“快速卡片”（Fast Cards）的任务中的表现。

这项任务旨在直接评估孩子建立数字与数量之间映射的能力。在这项任务中，实验者会准备一套卡片，每张卡片上有不同数量的圆圈。在实验过程中，实验人员短暂地在孩子面前展示一张卡片，并问：“这看上去像几个？”

由于每张卡片在孩子面前只显示一秒左右，这样短的时间绝不足以让孩子一个一个去数圆圈。所以，孩子们无法利用数数得出答案。这样一来，孩子们估计出的数字直接反映了他们对于看到的数量的表征。

如果孩子确实建立了自然数与数量表征的映射，那么随着卡片上圆圈数的增加，孩子们报出的数字也应该随之增加。由于这项任务中孩子们无法数数，他们给出的数字自然不会十分精确。但是，在映射已经建立的情况下，孩子们报出的数字的变化趋势应该与圆圈数量的变化趋势相符合：圆圈数量越多，报出的数也越大。

在“快速卡片”任务中，有些已经娴熟于数数的“基数原理掌握者”的表现令人惊讶。当卡片上的圆圈数超过四个的时候，这些很会数数的小朋友报出的数字就不再反映出数量变化的趋势了——无论圆圈变成几个，只要大于四，他们都会汇报同样的数字。比如说，无论是看到六个圆圈还是八个圆圈，甚至十个圆圈，他们给出的估数都有可能是“七个”。

这些孩子并不是完全没有建立映射的能力：当卡片上的圆圈数少于四的时候，这些孩子猜测的数字是随着圆圈数的增加而增加的。同时，这些孩子也不是真的不了解更大自然数所代表的数量。他们在“给个数”任务中的表现十分出色。如果时间允许，能让他们数数的话，他们能正确地给你数出很多很多的玩具。

面对这一出人意料的结果，勒·科尔和凯里认为，这些进一步的证据，说明了真正理解数字的概念与单纯地会数一二三四五是不同的过程。在“快速卡片”任务中，孩子们在估算小数目与大数目时不同的表现，也使勒·科尔与凯里推测，在建立不同数字与数量之间的映射时，孩子们会依托不同的系统。孩子们凭借平行个体化系统的精确表征来理解“一”“二”“三”这种小数字的不同含义，而通过在小数目时理解数字与数量之间的映射关系，孩子们可以以此类推，逐渐归纳并建立更大的数字与数量之间的映射关系。

4

“自然界的伟大著作是用数学语言写的。”三百多年前，当代科学的奠基人之一伽利略·伽利莱（Galileo Galilei）曾在《试金者》一书中这样断言，肯定了数学对于自然科学的重要作用。

这样诗意的描述，在当今社会更是准确。从物理学到心理学，从基础科学到工程学，甚至许多传统意义上的社会科学、文学、艺术，都越来越看重量化、数字化的研究方法。我们甚至可以预见，在不久的将来，也许高等教育中开设的每一门学科都会要求学生具有一定的高等数学的背景。

但正所谓“罗马不是一天建成的”，数学知识也不是从天而降，一夜之间就颠覆了我们对于世界的认知。

人类最早的活动记录可以追溯到大约三十万年前，但考古学家能发现的人类关于数字系统的书面记录，最早只能追溯到大约几千年前的苏美尔文明（Friberg，1984；Richter et al.，2017）。在此之后，人类文明经历了数千年的时光荏苒，才等到笛卡儿发明平面直角坐标系，等到牛顿与莱布尼茨发明微积分。而如今人工智能、机器学习无比依赖的线性代数，直到 19 世纪早期才萌发雏形。

与漫长的数学发展史一样，在我们人生的尺度上，数学的发展也需要日积月累。

我们是如何学会数学的？不用提那些繁杂的高等数学，就连最基本的数字的习得也拥有缓慢的发展轨迹。如我们所见，小朋友们明白“一、二、三、四、五”对应的含义也并非一蹴而就的。在很长一段时间里，数之无形与抽象，都使它的习得成了一件神秘莫测的事。我们究竟是如何感知数、认知数的呢？我们能看到两只毛茸茸的小猫，但看不到“二”；我们可以听到五个悦耳的音符，但是却听不到“五”。

数并不存在于我们的物理世界中，无法被我们的感官系统所捕捉。它的抽象，让一些数学家与哲学家提出了一些几乎带有神秘学色彩的猜测。例如，20 世纪重要的逻辑学家和数学家库尔特·哥德尔（Kurt Gödel）曾这样评论我们对数学对象（mathematical object）的了解：“我没有任何理由降低对于这种数学直觉存在的信心。这种数学直觉就像我们的知觉感知一样真实。”（Shapiro，2000）

这听起来几乎就像在说，他认为人类具有直接感知数的特殊“第六感”。在当时，这样的观念在数学家和哲学家中引起了很大的争议。但是，半个多世纪之后，随着发展心理学的进步，我们似乎可以承认，他的猜测远远地指出了一个正确的方向——我们的数字能力深深植根于我们的认知系统，根植于我们的近似数量表征系统和平行个体化系统。在这两个系统的共同支持下，我们开始逐渐明白数字的含义，第一次接触到了奇妙的数学世界。

宝宝也懂因果关系吗？

1

这是平凡的一天。你在嗡嗡的闹钟声中醒来。你坐起来，按下闹钟，嗡嗡声停止了。你摸黑找到了自己的拖鞋，打开房间里的电灯开关，穿上衣服，刷牙洗脸，去厨房做早餐。

从表面来看，这一切都是那么平淡无奇。你早就习惯了这生活中的一切。

可是从另外一个角度来说，你又仿佛具有一种神奇的力量：你可以让噪声停止，让光亮出现；你可以将一些柔软的纺织物从一个被称为衣柜的封闭盒子中移动出来，再经过精密的折叠与变换，转移到自己的身上；你可以操作不同的精密机器，小到清洁牙齿的电子工具，大到加热食物的发热箱。

这一切是如何顺畅地发生的呢？

你行为背后的神奇力量又称因果关系。这种因与果之间的抽象关系，在我们日常生活的分分秒秒里都编织在一起。

有时，有关因果关系的知识是显性的。比如，你明确地知道，只有按下电饭煲上的红色开关，才能使电饭煲开始烹饪美味的米饭。但有些时候，有关因果关系的知识是隐性的，我们甚至不会刻意地去想它、关注它。比如，在台球桌上，当一个台球撞到另一个台球时，我们会自然而然地期待第二个台球开始运动。而不用再三思索，我们也知道，第一个台球的碰撞是使第二个台球运动的原因——这一切都太显而易见了。

因果关系在我们的日常生活里无处不在。在某种程度上，它也是现代科学的精髓所在。

哲学家马里奥·布恩格（Mario Bunge）曾在《现代科学与因果关系》（*Causality and Modern Science*）一书中写道，如果我们要想解释而不仅仅是描述事物的发展规律，我们对因果关系原理的理解仍然是至关重要的（Bunge，1979）。从自然科学到社会科学，从物理学到心理学，在各个领域工作的科学家都在孜孜不倦地探索着：究竟是什么原因导致了我们观察到的现象？可以毫不夸张地说，人类的一整部思想史，都是由我们寻找万物背后的因果关系所推动的。

虽然哲学家们至今都没有就因果关系的本质达成一致看法，但至少有一点我们不能否认：我们自己的心智会不断地与因果关系发生互动。我们感知因果关系，也用因果关系来推理。可是，就像数字与物理法则一样抽象，因果关系没有颜色与轮廓，并不是真实存在于感官输入中的东西。

那么，我们关于因果性的知识是如何产生的呢？

2

在历史上很长一段时间里，因果关系都是属于哲学家的领土。

大卫·休谟（David Hume）是英国著名的经验主义哲

学家。他曾断言，因果关系不过是理念的联想（association of idea）。他认为，当我们看到一个台球撞开另一个台球时，我们其实没有任何根据去判断这两个球之间存在因果关系，认为第一个台球真的是第二个台球运动的原因。我们之所以会产生这样关于因果关系的联想，是因为我们见过太多太多次这样的情况了。每一次，当我们看到一个球向另一个静止的球运动时，总会伴随着第一个球减速、第二个球加速的现象。这样一次又一次地重复，导致我们形成了一种“习惯”。

用休谟的话说，“心灵是被习惯驱使着，在一个事件的出现后，期待着它通常伴随着的效果，并相信它的存在”（Hume，1748）。

大卫·休谟的论断长久地影响了人们看待因果关系的方式。他的观察确实精准正确：我们的感官信息里，除了颜色块和轮廓的变换之外，再无其他内容可言。可是，休谟的观点并没有真正回答我们“常识”背后的心理学问题：并不是所有人都像休谟一样受过系统训练。如果你在大街上问一个外行的人，他仍然会非常肯定，第一个球是第二个球运动的原因，第二个球运动是第一个球碰撞的结果。

究竟是什么内在心理机制让人产生这样的直觉呢？

比利时心理学家艾伯特·爱德华·米肖特·范登贝克（Albert Edouard Michotte van den Berck）决定用心理学实验的方式来一探究竟。米肖特出生于19世纪末，他是哲学博士，但同时也接受过广泛的心理学与生理学的训练。在硕果累累的职业生涯中，米肖特曾为实验心理学做出过许多重大贡献，其中最突出的成就要数他在 1954 年出版的开创性著作《因果性知觉》(*La perception de la causalité*)。

在这本书中，他一共汇聚了一百多个实验，从不同的角度深入挖掘了因果性的感知问题。其中，他将绝大多数的精力集中在一种非常基本的因果性事件上。在这个事件中，参与者会观看一个简单的小动画：动画中是两个二维几何形状。第一个小形状向第二个小形状移动，紧接着第二个形状开始向前移动。这个简单的小动画又被称为“米肖特发射事件”(Michottian launching event)。在之后的几十年里，它都是心理学家研究因果性感知问题的经典研究范式。

米肖特在他一百多个实验中操控、改变了两个几何形状的特点，比如大小、颜色、运动速度等。最终，他得出的结论是，人们产生的关于因果关系的印象与两个物体的属性无关。这两个形状需要满足的唯一要求是时空属性(spatiotemporal properties)。时间上，第二个形状的运动需要在第一个形状与其发生接触后立即开始。空间上，这两个形状要看起来像是接触了一样。

米肖特的研究具有很强的开创性意义。他的研究指向知觉（ perception ）和认知（ cognition ）的一个重要的交叉点(Wagemans，Van Lier，and Scholl，2006)。在此之前，知觉系统和认知系统通常被看作心智的两个不同领域。例如，当你看到一个苹果时，你的视觉系统通知你，在你的面前有一个红色的、圆圆的物体。视觉系统告诉你苹果的颜色、明暗、轮廓等，而你的认知系统则负责把你接收到的这些感官信号与“苹果”的概念联系起来。

像因果关系这样更高层次的概念，在之前一直被认作由认知系统负责。但米肖特的实验似乎指向另外一种可能：有关因果关系的知识，可能起源于知觉，起源于视觉系统本身。

3

米肖特的研究开拓了因果感知研究的先河。不过，和很多科学研究中的开创者一样，他的研究也不免遇到了一些批判与质疑的声音。

有人质疑他实验方法的严谨性。在他所报告的一百多个实验中，有近一半的实验记录都没有实验参与者的信息。是什么样的人参加了这些实验？他们是否都有正常的视力？他们之前是否有训练经验？同时，米肖特也没有准确地记录他的实验程序。实验具体是怎样执行的？他和被试说了些什么？在这些信息缺乏的情况下，之后的心理学家很难判断米肖特的发现是否能够被复制、被推广到一般人群中（Joynson，1971）。

除了研究方法缺乏严谨性以外，也有人指出他的理论仍然没有解释因果感知的起源。米肖特曾一笔带过地写道，成人用来感知因果性的机制是与生俱来的。可是，他的一百多个实验中，没有一个实验是测试儿童或婴儿的。米肖特并没有任何证据去支持他的先天论（Saxe and Carey，2006）。

我们真的天生就有识别因果关系的能力吗？这个问题，一直到 20 世纪 80 年代末才初见曙光。

在《因果性知觉》首次发表 30 多年后，发展心理学家艾伦·莱斯利（Alan Leslie）和斯蒂芬妮·基布尔（Stephanie

Keeble）决定在婴儿身上测试一下“米肖特发射事件”（Leslie and Keeble，1987）。

在一个实验中，莱斯利和基布尔对 34 名六个半月大的婴儿进行了测试。这些婴儿被随机分配到直接发射（direct launching）或延迟发射（delayed launching）条件下。在直接发射条件下，婴儿看到的是经典的米肖特发射事件：一个红色的方块向着一个绿色的方块移动，在屏幕中间停住。接触后，绿色的方块开始移动。而在延迟发射条件下，婴儿看到的也是红色方块与绿色方块之间的接触，重要的区别在于，绿色方块没有在接触后立即移动，而是稍作停留，在 0.5 秒后才开始移动。

实验人员反复向这些小宝宝在屏幕上展示直接发射或延迟发射事件。在一定次数的重复之后，大多数婴儿都会开始东张西望、左看右看，不再注视屏幕。当他们的注视时间下降到一个预设的阈值以下时，实验人员会向婴儿展示一个逆转的发射事件。现在，是绿色方块导致了红色方块的运动，两个方块的运动方向也从自左向右变成了自右向左。

这样的实验设计又称“习惯性范式”（habituation paradigm）。它背后的原理是，当婴儿受到重复的视觉刺激后，他们的注视时间会不断减少。但是，当新奇的视觉刺激出现在他们面前的时候，他们又会增加注视时间。刺激越新奇，他们注视的时间就会越长。

莱斯利和基布尔发现，与延迟发射条件下的宝宝们相比，那些直接发射条件下的宝宝在观看逆转的发射事件时注视时间更长。也就是说，这些观看了直接发射的宝宝，会觉得逆转的直接发射事件更新奇。

直接发射和延迟发射之间唯一的区别就是 0.5 秒的停留。为什么这样细微的变化会造成这样的差异？按照作者的解释，直接发射条件具备了米肖特提出的时空性质，而延迟发射因为 0.5 秒的差异不满足条件。在时空性质的帮助下，这些小宝宝能识别出因果关系，且逆转的因果关系要比非因果关系更新奇。

莱斯利和基布尔还指出，婴幼儿感知因果关系的基本机制，很可能就是米肖特提出的成人因果关系感知的基本机制。米肖特可能是对的：我们的视觉系统，天生就做好了捕捉世界上因果关系的准备。

4

但并不是所有人都同意莱斯利和基布尔对于实验的诠释。

六个半月大的婴儿能识别因果关系，就一定说明识别因果关系的心理机制是与生俱来的吗？这些婴儿已经在这个世界上生活两百天了。两百个日日夜夜，也许已经帮助小宝宝们积累足够长的时间和经验，让他们学会这样的本领。而且，如果这种心理机制真的是与生俱来的话，这个实验范式应该也能在年龄更小的宝宝身上管用，得到相同的结果。

然而，当研究人员试图对三个半月、四个月、五个半月大的婴儿进行测试时，都没能成功复制出六个半月大宝宝呈现的结果。这似乎表明，识别因果关系的能力可能并非天生的，而是后天习得的（Cohen and Amsel，1998）。

如果这样的本领是后天习得的，那么婴儿是从哪儿学到的呢？

一个可能的知识来源，是宝宝们自己的行为。心理学家彼得·怀特（Peter White）认为，我们对因果关系的理解，来自我们自己的身体与物体的相互作用。他指出，在所有的感官系统中，我们的触觉系统（haptic system）是唯一可以直接接触到世界上的因果关系的感官系统（White，2006）。

当我们对一个特定的物体采取行动时，我们会接收到两种信息：一种是来自肌肉和骨骼运动的运动觉信息（kinesthetic information）。另一种是皮肤受到压力的感觉信息，它来自我们身体与被接触物体的接触点。

这两种信息的同时存在，是我们的触觉系统所特有的，也提供给我们与物体直接有关的信息。相比较之下，当我们通过其他感官系统感知一个物体的时候，怀特表示，“感知的对象是远端的（distal），因此，不可能直接知道涉及它们的因果关系”。诚然，我们最后能够通过视觉来认识因果关系，但怀特指出，这样的能力也是起源于我们的触觉系统。

换句话说，是我们身体与物体间的因果作用，通过触觉系统构成了因果知觉的基础，之后才逐渐迁移到视觉系统。

5

这个说法起初听起来可能比较难以置信。米肖特的主张已经足够有颠覆性了：因果关系这样抽象的、高层次的东西，并非单纯地根植于我们的高级认知系统，而很有可能存在于我们的视觉系统。而怀特的说法似乎更进了一步：因果关系从我们的触觉系统开始。也就是说，从我们的四肢开始。这样的说法确实有证据支持。

一组来自卡内基梅隆大学（Carnegie Mellon University）的研究人员就试图在四个半月大的婴儿身上探索身体与因果知觉之间的关系（Rakison and Krogh，2012）。以前的研究表明，这个年龄的婴儿尚不具备在“米肖特发射事件”中识别出因果关系的能力。但是如果怀特是对的，如果身体与物体之间的因果作用确实在因果性感知中起到了至关重要的作用，那么，如果能通过实验设计给这些小宝宝一些他们一般不具备的因果性动作经验（causal action experience），他们是不是就能像年龄较大的婴儿那样，从简单的米肖特发射事件中“看到”因果关系了呢？

在他们的实验中，这些小婴儿被随机分配到实验组和对照组。在观看米肖特发射事件之前，这两组小宝宝都要先和一些小玩具球互动。两组小宝宝的区别在于，为了给实验组的小宝宝们提供一些因果性动作经验，实验人员给这一组的宝宝们戴上了“黏黏小手套”（sticky mitten）。

这些手套上配有尼龙搭扣条，可以用来粘起他们面前的玩具球。而在对照组里，小宝宝们戴上的小手套没有尼龙搭扣条。四个半月大的小宝宝们，抓握能力尚未发育完全。所以，对照组的小宝宝们虽然面前摆了玩具球，但他们并不能很好地把玩具球拿在手里把玩。而实验组的小宝宝们，在“黏黏小手套”的帮助下，可以自如地粘起玩具球，和玩具球进行有效的因果性互动。

在玩了一会儿之后，研究人员用类似莱斯利和基布尔使用的实验范式对这两组宝宝进行了测试。他们发现，小手套的粘与不粘、因果性互动的存在与否，真的让这两组小宝宝面对米肖特发射事件产生不同的反应。戴着“黏黏小手套”的婴儿，像六个半月大的婴儿一样，成功地识别出了因果关系。而那些对照组的同龄宝宝却失败了。

但研究人员也指出，因果动作对于因果感知的帮助作用可能非常具有局限性。这些成功识别出因果关系的小宝宝，无论是戴着的手套，还是玩的玩具球，颜色都与米肖特发射事件中的颜色相匹配。他们的手套是红色的，球是绿色的。而在米肖特发射事件中，第一个移动的方块是红色的，第二个移动的方块是绿色的。而如果当手套和球的颜色不再与米肖特发射事件中的颜色相匹配时，这些拥有了因果动作经验的小宝宝仍然不能辨别出发射事件中的因果关系。

这样的局限性，为因果感知的起源留下了更多的谜题。如果识别因果关系的能力是先天机制，那么，我们该如何解释那些年龄更小的宝宝的实验表现呢？而如果识别因果关系的能力是后天习得的，是基于因果行为的，那么，为什么就连简单的颜色变化都会阻碍宝宝们识别因果关系呢？

这些问题，今天的学界仍然在争论。

6

自从现代科学诞生以来，对因果关系的判定，一直是科学进步的里程碑。

以前，科学家们往往通过采用对照实验、加入实验干预的方法来确定现象背后的因果关系。近几十年来，随着机器学习和数据科学的兴起与发展，更多的科学家开始关注一种被称为“因果关系发现”（causal discovery）的计算方法：如何在大量纯观察数据中发现变量之间的因果关系？这样的趋势，也为因果关系的心理学机制吸引了更多的目光。在我们试图教会机器和算法发现因果关系的同时，进一步了解人类是如何完成任务的，也许会带来意想不到的灵感与突破（Glymour，Zhang，and Spirtes，2019）。

哲学家、认知科学家大卫·丹克斯（David Danks）将人类对于因果关系的学习机制分为两类：因果知觉（causal perception）和因果推理（causal inference）（Danks，2009）。

与因果知觉不同的是，因果推理需要更高层次的认知，并不是简单的视觉系统所能处理的。在心理学中，一个典型的因果推理实验通常会让参与者阅读一个故事，让他们对因果关系的强度进行评分。例如，他们可能需要回答“如果你按了 100 次开关，灯泡多久会亮一次？”这样的问题。参与者会输入一个从 1 到 100 的数字，而这个数字被视为参与者对因果关系强弱的衡量（Buehner and May，2002）。

丹克斯还指出，对因果关系的学习只是一个起点。在此之后，我们还需要知道如何使用它们。这个领域又被称为“因果推理”。我们对于因果关系的信念，是如何对决策、概念推理、反事实推理等产生影响的呢？这些，都是心理学家们正在不断挖掘的问题。

心理学是一个年轻的领域，而因果关系心理学则是一个更加稚嫩的子领域。虽然近几十年来，我们了解了很多因果关系背后的心理学原理，但这个领域还需要更多的时间来探索，才能更好地回答更深层次、更基本的问题。在这一点上，研究因果关系的心理学就像摇篮里的小婴儿一样，仍然需要更多的时间去成长。

第二章　天生爱社交

能够理解你的行为，宝宝全靠这些神经元

1

婴儿是可爱的小天使，给世界带来欢乐和幸福。他们真真正正是人类的希望，站在人类这种生物最前沿的疆土。这些脸蛋肉嘟嘟的小天使，能够到达我们无法企及的未来。但与此同时，这些小天使也随时可以摇身一变，变成“小魔鬼”。他们想哭就哭，想闹就闹，吃喝拉撒睡随心所欲。而你甚至不能对他们发火，因为他们根本听不懂你在说什么。他们没准还会觉得你生气的表情十分搞笑，开始咯咯地对你笑。

婴儿这种令人摸不着头脑的特点，在近一个世纪来，自然吸引了许多心理学家的目光。在国际婴儿研究学会（International Congress of Infant Studies）两年一次的会议上，世界著名婴幼儿心理学家理查德·阿斯林（Richard Aslin）在他的讲话中引用了他导师的一段话：“无论人们把新生儿看成是‘神经系统不足’，是‘认知混乱’，是‘自恋的’，是‘以自我为中心的’，还是‘简单来说就是丑’，新生儿与我们500天后才看到的会走路、会说话、有社会辨别力、有感知力的人之间的距离，都是很遥远的。”（Aslin，2014）

这些评价看似刻薄，但做出这些评价的，都是在当代心理学发展史上不可忽略的重要人物。

说新生儿“神经系统不足”的，是以研究髓鞘形成（myelinogenesis）而闻名的德国心理学家保罗·埃米尔·弗莱希格（Paul Emil Flechsig）；说他们“认知混乱”的，是实验心理学的奠基人威廉·詹姆斯；留下“自恋的”和“以自我为中心的”评价的，分别是西格蒙德·弗洛伊德（Sigmund Freud）和让·皮亚杰，两位都是在心理学历史上鼎鼎有名的重要人物，而后者更可谓是儿童发展心理学之父；最后留下令人捧腹的评价、说新生儿“简单来说就是丑”的，则是美国心理学会第一任会长格兰维尔·斯坦利·霍尔（Granville Stanley Hall），他本人也是研究儿童发展的先驱。

若论对人类心理的敏锐观察和细致分析，这些当代心理学的奠基人必然是佼佼者。然而，这些近乎“简单粗暴”的评价，也意味着他们对于婴幼儿的心理活动了解得并不是那么细致。

如今，心理学界在回看早期的一些婴幼儿实验时，常常会感到那些小宝宝的能力被显著地低估了。这样的误解情有可原。毕竟，平心而论，婴幼儿并不是最好的研究对象。能用在他们身上的实验方法，在当时还极其有限。他们不能理解复杂的实验指令，可能连保持清醒、不哭不闹，都已经是一个巨大的挑战了。方法论的限制，在很大程度上限制了心理学早期对于婴幼儿的探索。

这样的困境，在 20 世纪 50 年代末期有了显著好转。心理学家们发现，注视时间是一个在低龄婴儿身上比较适用的测量指标。都说“眼睛是心灵的窗户”，正是通过测量婴幼儿的注视视觉刺激的时长，心理学家们第一次走进小宝宝们的内心世界。越来越多的证据表明，尽管婴儿们看上去“认知混乱”，但事实上他们并非一无所知。他们在会说话之前，就已经能觉察出物理世界中一些简单的物理原理，还能感知简单的因果关系。而这些激动人心的发现也让发展心理学家们跃跃欲试，想进一步测试这些小婴儿。

如果这些宝宝在年纪这么小的时候就能对物理原理有一定的掌握，那么，他们对于我们每一个人都身处其中的社会环境，又有多少理解呢？

2

你站在超市的零食货架前，正准备伸手去拿面前的那袋薯片。忽然，你用余光看到另外一只手正伸向同一个方向，目标和你一样——那袋红烩味的薯片。

这不过是你生活中一件稀松平常的事。可是，这件简单的小事背后，也是由非常神奇的心理机制所驱动的。如果你仔细想一想的话，这其实挺不可思议的。你是怎么知道那只手也是向着你的目标而去的呢？你是如何通过“伸手”这样简单的动作，识别出了抽象无形的“目标”的呢？

就像因果关系一样，目标也不是直接存在于感官信息中的事物。然而，在人类生活中的方方面面，我们行为的目标指向性（goal-directedness）都起到了重要的作用。我们很少漫无目的地手舞足蹈，在绝大多数的情况下，我们之所以会伸手伸脚，都是因为我们要向着某些目标进发。有时候，这些目标像货架上的一袋薯片一样是有形的；而有的时候，目标也可以更抽象，像是“把灯关掉”或者“打开橱柜门”，这些行为本身的目标并不是一个具体的物体。但无论目标是有形的还是无形的，理解和行为有关的目标，都是我们理解这个行为本身的前提条件。

第一个探索小宝宝是否能理解行为的目标指向性的，是芝加哥大学（The University of Chicago）发展心理学家阿曼达·伍德沃德（Amanda Woodward）。她的研究对象是平均只有九个月大的婴儿。伍德沃德的实验采用了经典的习惯化范式（habituation paradigm）。在实验中，婴儿们首先反复观看一种视觉刺激，而实验人员则在一旁记录他们的注视时长。当他们的注视时长下降到一定标准之下时，这些婴儿就会观看两组不同的测试事件。实验人员最关心的指标，是婴儿对这两组不同的事件的观看时长是否会不同。如果他们观看某一组事件的时间更长，那么实验人员就会推测，对于这些小宝宝来说，这一组事件和先前观看的视觉刺激反差更大，更新奇。

在这项研究中，小宝宝一开始观看的视觉刺激是一个简单的“伸手够”事件。他们的面前摆了一个球和一个小熊玩具。球在左边，小熊玩具在右边，而实验人员反复伸手去够两个玩具中的一个。紧接着，在测试开始之前，实验人员会升起一道小屏风，并在屏风之后调换球和小熊玩具的位置。屏风降下之后，婴儿看到的是小熊玩具在左边，球在右边。而婴儿看到的两组测试事件，是实验人员去够之前的玩具，还是去够现在的玩具。

由于两个玩具调换了位置，所以当实验人员去够之前的玩具时，他们是沿着新的轨迹伸出手的。这组事件是“新目标、旧路径”。而如果他们向现在的玩具伸手的话，他们的手的运动轨迹是与之前无异的，所以这组事件是“老目标、新路径”。如果一个九个月大的婴儿只是单纯地观察手的运动，那么他们一定会觉得“老目标、新路径”的事件更新奇。之前伸向左边的手，现在伸向了右边。至少在简单的视觉信号上，这样的反差会比“新目标、旧路径”所形成的更大。

然而，伍德沃德发现的是，让婴儿注视时间更长的，其实是“新目标、旧路径”事件。也就是说，这些小宝宝会觉得那个改变了伸手的目标的动作更新奇一些。根据伍德沃德的解释，这个发现意味着九个月大的婴儿已经意识到，伸手的目标改变了。九个月大的宝宝，已经开始理解人类行为的目标指向性了（Woodward，1998）。

3

在随后的实验中，伍德沃德在只有五个月大的宝宝们身上复制了相同的发现。这些小宝宝在目标指向性上的“早慧”，自然引出了发展心理学中一个十分重要的问题——这样的能力从何而来？宝宝们究竟是“天赋异禀”，还是在出生之后的短短几个月中学到的呢？

这一次，是一个隔壁领域的发现为这个问题的解答带来了一丝线索。

这个被称作“镜像神经元”的发现，从诞生之日起就充满了争议。神经科学家很早就知道，我们的一举一动都伴随着大脑中运动神经元的激活。但在20世纪80年代末，一组由贾科莫·里佐拉蒂（Giacomo Rizzolatti）领导的科学家将电极植入恒河猴的大脑中，记录它们的神经元活动。他们发现，当恒河猴在单纯地观察一个动作的时候，一些原本被认作只会因动作而激活的神经元中，大约有17%也会因为这个动作的视觉信号而激活（Rizzolatti et al., 1988）。

这个出人意料的发现只是一个开始。为什么这些明明应当与运动信号息息相关的神经元，会因为视觉信号而激活呢？为了回答这个问题，该研究小组对这些奇特的神经元进行了更多的研究。在1996年发表在《认知脑研究》（*Cognitive Brain Research*）杂志上的另一篇论文中，里佐拉蒂和他的同事决定将这些神经元命名为"镜像神经元"。因为这些镜像神经元就像镜子一样，反射出观察的动作，形成了这些动作的表征（representation）（Rizzolatti, Fadiga, Gallese, and Fogassi, 1996）。

更重要的是，里佐拉蒂猜测，这些表征是我们理解运动事件的基础。正是这些镜像神经元的活动，让我们能理解他人的动作并不是简单的随机挥舞手臂。用科学家们的原话说，镜像神经元使我们"实现对某一动作的内部描述，并让我们可以利用这些内部描述来组织合适的未来行为"（Rizzolatti, Fogassi, and Gallese, 2001）。

这些神奇的神经元，会不会就是小宝宝们用来识别动作中目标指向性的秘密武器？

伍德沃德表示，这确实是一种可能性。在一篇评论文章中，她推测镜像神经元可能并不仅仅形成身体运动的表征，它的表征中很有可能也包含与该动作有关的目标（Woodward，Sommerville，Gerson，Henderson，and Buresh，2009）。比如，当看到实验人员的伸手行为时，小宝宝们的镜像神经元并不只是单纯地形成关于“一只手向左移动”或“一只手向右移动”的表征。在身体运动以外，这些镜像神经元也记录了“一只手伸向目标，目标是球”或“一只手伸向目标，目标是小熊玩具”。因此，当那只伸出的手切换了目标的时候，婴儿的镜像神经元形成的表征也出现了偏差。而偏差可能要较单纯地切换手的运动轨迹更大。这更大的偏差，也许可以解释小宝宝们对于“新目标、旧路径”的更长的注视时间。

4

乍一听，这个解释似乎很有说服力：既有来自神经科学的证据，也有来自行为实验的数据。对目标指向性理解的起源问题，是不是就可以结案了呢？

故事并没有这么简单。

尽管这个解释听起来很有说服力，但在缺乏婴儿真的拥有镜像神经元的直接证据的情况下，这个解释也仅仅是一个故事而已。可是，在目前的技术条件下，我们并不能在婴儿身上复制从恒河猴身上取得的数据精度。恒河猴大脑中存在镜像神经元的证据，来自单细胞记录技术（single-cell recording）。这项技术极具侵入性，需要将电极直接植入大脑皮层。为了小宝宝们的健康和安全，这样的技术不可能直接迁移到小宝宝们身上。

不置可否，现在也存在一些日益成熟的非侵入式的脑成像技术，但如果涉及寻找宝宝镜像神经元活动的证据，这些技术能起到的作用就微乎其微了。现阶段，那些非侵入式技术所能提供的精度，仍然远远无法与细胞记录提供的精度相比。这就好像是拍照片：单细胞记录技术拍的是大头照、肖像照，而现存的非侵入式的脑成像技术更像是拍集体大合照。科学家需要通过这些“照片”来判断出某些神经元到底在做什么，而集体大合照自然会使这样的任务困难重重。即使是目前最精确、最先进的机器，也无法像单细胞记录技术一样提供关于单个神经元某时某刻在做什么的信息。

在精度问题之外，婴儿脑成像技术在目前也还是一个刚刚起步的领域。现存的技术往往都要求被试保持一动不动，以此来减少收集到的信号中存在的噪声。对于一个成年人来说，长时间保持静止不动已经是一个巨大的挑战了。这样的任务对于清醒状态的婴儿，更是难上加难。因此，很多婴儿脑成像的研究都是在婴儿处于熟睡状态时进行的。而熟睡的婴儿，自然无法为我们提供关于镜像神经元的证据。

5

事实上，不单单是婴儿，镜像神经元是否在成年人的大脑中存在，也是一个悬而未决的谜题。

通过非侵入式的脑成像技术，科学家们已经初步掌握了一些关于人类镜像神经元的证据。与此同时，科学家们也注意到，这些所谓的人类镜像神经元与恒河猴的镜像神经元，在活动模式上有很大的差异。

牛津大学（University of Oxford）的认知神经科学家塞西莉亚·海耶斯（Cecilia Heyes）指出，在恒河猴身上，镜像神经元只在恒河猴能看到演示者的全部身体的时候，才会被动作所激活。而且，这个动作必须实实在在地施加在某个物体上，而假装去够、去抓，都不能激活镜像神经元（Heyes，2010）。

然而，人类的镜像神经元并不需要满足这两个要求。只需看到人的手在做动作，镜像神经元就会被激活。即使物体不是真的存在，镜像神经元也会被激活。在一项研究中，呈现给被试的视觉刺激，是两只伸出食指的手。在一种条件下，食指向两个红点伸去。在另外一种条件下，红点并不存在，而实验人员观察到的激活模式仍然存在（Koski et al.，2002）。

这些重要的差异，不免使科学家们怀疑：这些在人类身上观察到的，真的是镜像神经元吗？不仅如此，学者们还指出镜像神经元研究中的概念问题：里佐拉蒂提出的理论，认为镜像神经元可以帮助我们理解动作，可是理解动作究竟是什么意思？

“理解”和“动作”这两个词，都极为模糊。心理学家格雷戈里·希科克（Gregory Hickok）曾在一篇论文中总结了五种镜像神经元研究者对于“动作理解”的不同定义。有的定义比较狭窄，仅仅包含“指向某种目标的行为”；但有的定义则相当宽泛，甚至包括人类的言语产生（speech production）。当一个研究领域都没有在基本概念的定义上达成共识的时候，更多的数据也只会带来更多解读上的困扰，使该领域的发展愈加艰难。

这也难怪希科克在文章的结尾沉重地写道：“不幸的是，

在他们的发现诞生之后的十多年，在理解镜像神经元的功能方面，（这个领域）还是几乎没有什么进展。”（Hickok，2009）

6

到目前为止，婴儿理解目标指向性行为的神经生理学基础仍然是个未解之谜，而测量婴儿们注视时长的心理学家们，也不停地发现更多令人惊讶的现象，这使得人们孜孜不倦地探寻着这些现象背后的解释。

当伍德沃德发现就连五个月大的小宝宝都能辨识出动作的目标指向性时，她决定试探一下这种能力的界限与范围。在同样的实验范式下，她将实验人员去抓取物体的手替换成一根去戳物体的长棍。有趣的是，在这种情况下，五个月大和九个月大的婴儿，都没有识别出长棍的目标指向性。更令人惊讶的是，当棍子被替换成更类似于人手的机械爪时，六个月大的婴儿也不能理解机械爪的目标指向性。

这样的证据，似乎表明在婴儿眼中，只有人手才能拥有目标指向性，而长棍和机械爪都不具备这样的性质。可是，人手所具有的特殊性是从何而来的呢？人类的手和人类手上的动作，一定具备某些特殊的视觉特征，才会触发小宝宝们这样的反应。那么，这些特征究竟是什么呢？它们从何而来，又是通过什么样的机制与目标指向性联系在一起的呢？

除了关于手的谜团，“目标”这个概念也迷雾重重。小宝宝们究竟是如何理解“目标”的呢？在伍德沃德的简单实验中，目标只不过是“反复用手够”。现实世界中的目标远比这复杂，婴儿真的能明白“目标”是存在于一个人脑海中的心理状态（mental state）吗？

后来，研究人员真的设计了一项实验，试图去回答这个问题。在这项研究中，实验开始前，一男一女两个实验人员会被介绍给小宝宝们。有一半参加实验的婴儿按照老方法进行测试。而另一半的婴儿，在观看一个实验人员“反复抓取”的动作之后，在测试阶段看到的是另外一个实验人员完成“新目标、旧路径”和“旧目标、新路径”的动作。研究人员发现，在这个新的实验条件下，婴儿同样不会区别对待“新目标、旧路径”和“旧目标、新路径”的事件。在这个条件下，婴儿在熟悉阶段和第二阶段看到的是两个不同的实验人员。所以，研究者认为，这表明婴儿理解了“目标的个人性质”（personal nature）。当伸手去够物体的人换了的时候，婴儿也不会觉得更换目标有什么新奇的了（Buresh and Woodward, 2007）。

不过，这个实验中，目标仍然只是简单的抓取动作，与“我们的目标是星辰大海”中的目标，仍有很大的距离。对于动作的目标指向性理解，只是婴儿进入错综复杂的社会环境的第一步。

在理解社会认知的发展上，发展心理学家们还有很长的路要走。尽管这个领域刚刚起步，但它确实给小宝宝们画出了一幅不一样的肖像。一百多年前，现代心理学的奠基人对婴儿的认知能力不屑一顾，称他们“简单来说就是丑”，无疑是给父母泼了一盆冷水。但现在，我们可以愈加肯定地说，事实并非如此。即使在人生最初的阶段，婴儿们也具有感知和认知能力。他们甚至还在悄悄地观察，试图理解在他们眼前晃悠的这些温暖、美好的“大型人类”的行为——越来越多的科学证据，都能支持这一点。

宝宝的读心术

1

我们先来看一个故事。

有一天，玛西小朋友和妈妈一起去超市采购。他们一起买了玛西最喜欢吃的巧克力。等他们到家之后，玛西主动提出来要帮妈妈一起收拾采购回来的吃的。他决定把巧克力放在厨房里的一个蓝色置物盒里。

过了一会儿，妈妈开始拿出原材料，准备烤一个美味的大蛋糕。而小玛西知道这不是自己添乱的时候，所以就乖乖地离开了厨房。

妈妈打算做巧克力味的蛋糕，所以她拿了一点玛西的巧克力出来。不过，当把剩下的巧克力再放回去的时候，她不小心把巧克力放到了另外一个绿色置物盒里。正当妈妈准备开工的时候，突然，她意识到自己粗心大意忘了买鸡蛋。鸡蛋可是做蛋糕的必备材料！于是，妈妈决定再去一趟超市。

妈妈刚出门没多久，小玛西就有点饿了。他打算自己去厨房拿一点他最喜欢的零食吃。

现在，问题来了：小玛西会在哪个置物盒里找巧克力呢？

对于任何一个能理解这个故事的成年人来说，这个问题的答案再简单不过了。玛西当然会去翻那个蓝色的置物盒。不久以前，他亲手把巧克力放进了那个蓝色的置物盒里。虽然妈妈不小心把巧克力放错了位置，可是，小玛西当时并不在场，他不知道究竟发生了什么。小玛西还是觉得巧克力一定在老地方等着他呢！

但是，当发展心理学家把这个故事讲给小朋友们听时，他们给出的答案截然相反："小玛西会去绿色置物盒里找巧克力！"

1983 年，心理学家汉兹·维摩（Heiz Weimmer）和约瑟夫·佩纳（Joseph Perner）用木偶戏的形式把这个故事演给一群小朋友看。他们发现了一个神奇的现象：四五岁的小朋友明明记得玛西当时自己把巧克力放在了蓝色置物盒里，但是他们却告诉实验人员，玛西一定会去绿色置物盒里找。与四五岁的小朋友形成鲜明对比的，是六到八岁年龄组里的孩子。这些比他们大不了多少的小朋友，给出的答案都与成年人一致：蓝色置物盒（Wimmer and Perner，1983）。

这样的反差迅速引起了许多发展心理学家的注意。在随后的几十年中，这个故事衍生出不同的变种，其中最著名的一个要数"莎莉 – 安测试"（Sally–Anne Task）（Baron-Cohen，Leslie，and Frith，1985）。在这个测试中，故事的主人公变成了一对好朋友：莎莉和安。莎莉把她的弹珠放在 A 处，而调皮的安在莎莉不知情的情况下，把弹珠移到了 B 处。测试的关键问题是，当莎莉寻找她的弹珠的时候，她会在 A 处还是 B 处找呢？

莎莉 – 安测试和玛西的故事一样，都旨在测试一个能力：

孩子们是否能够理解“错误信念”（false belief）。简单来说，错误信念就是指与现实不符的信念。在莎莉–安测试和玛西的故事里，莎莉和玛西都错误地认为他们要找的东西还在原来的位置。然而小朋友们作为旁观者，目击了东西的位置在莎莉和玛西不知情的情况下改变了。如果想要正确地回答实验人员的提问，小朋友们既需要知道莎莉和玛西的“寻物之旅”——背后主要由这些小朋友关于物体位置的信念驱使，也要知道莎莉和玛西的信念是可以与事实截然相反的。

这种理解错误信念的能力，正是心理理论（theory of mind）发展过程中的一座里程碑。

2

“心理理论”这个词，最早由两位灵长类动物学家戴维·普雷马克（David Premack）和盖伊·伍德拉夫（Guy Woodruff）提出（Premack and Woodruff, 1978）。在他们的定义中，“一个拥有心理理论的个体，会认为自己和他人同样拥有心理状态（mental states）”。“心理状态”这个词，乍听起来可能有些模糊，但实际上我们每一个人都很熟悉它所指代的事物。每当我们思考一件事，想起一件事，或者在猜测、怀疑、假装的时候，这些心理活动，都可以被定性为“心理状态”。

心理理论包括理解他人的心理状态和理解自己的心理状态。理解他人的心理状态对于我们至关重要。作为社会中的一员，我们每个人都需要依赖他人来认识世界。我们能从目不识丁的小不点儿变成可以通过阅读了解诗与远方的大人，其中经历的学习过程，肯定离不开他人的帮助。父母、老师的谆谆教诲，同学、朋友的口口相传，这些“他人知道的事”都扩展了我们世界的范围。

而理解自己的心理状态也同样重要。我们需要明白心理状态与实际情况并不永远一致。我们可能会相信一些错误或与事实不符的事。我们也需要明白心理状态是私人的、主观的，不像实际情况一样是共享的、客观的。面对同样的事实，我的心理状态也有可能和你的心理状态产生出入。

玛西故事里的错误信念任务是判断幼儿是否拥有心理理论的试纸，正是因为它需要被试将自己的信念与别人的信念区分开。不仅如此，它也要求被试能够理解，我们的信念很有可能与我们所感知的世界有所出入，信念有对有错。

自错误信念任务诞生之日起，心理学家们已经在世界各地成百上千的儿童身上进行了测试。但早期的实验往往过于依赖单纯的错误信念任务，也因此造成一种过于简化、二元对立的假象：仿佛心理理论能力的存在是非黑即白的，要么有，要么没有。不少心理学家担心，这样简单粗暴的分割，笔触不细腻，无法描摹出孩子们对于他人心理活动的真实推断。

针对这一问题，2004 年，美国密歇根大学（The University of Michigan）的心理学家亨利·威尔曼（Henry Wellman）和他的同事大卫·刘（David Liu）一同设计了一套测量心理理论的量表。该心理理论量表中包含了七项不同的任务。按照威尔曼和刘的理论，这七项任务的难度各不相同，对于孩子们理解他人心理状态的能力各有不同的要求。最简单的任务是多样性愿望（diverse desire）。在这项任务中，孩子们需要理解自己和他人对于同一个物体可能会拥有不同的愿望。比如，你可能会不想要我最喜欢的蓝色蝴蝶结，而我也可能不想要你喜欢的红色发卡。而最困难的任务则是真实—表面情绪（real-apparent emotion）任务：孩子们需要理解一个人表面看上去的情绪可能会与其真实的情绪不符。

这些任务的“简单”与“复杂”是心理学家从孩子们完成这些任务的年龄中归纳出来的。威尔曼和刘发现，小朋友们并不是到了一定的年龄后，突然间就一并完成了所有的七项任务。相反，他们都呈现出一种循序渐进的发展趋势。年龄越大的孩子，完成的任务就越多。那些完成更“难”任务的孩子，无一例外都完成了更“容易”的任务。这更加说明，心理理论并非一种“要么有，要么没有”的认知能力。

有趣的是，心理学家们发现，世界各地在不同文化环境中成长的孩子，都体现出了较为稳定的发展趋势（Callaghan et al., 2005; Wellman, Fang, Liu, Zhu, and Liu, 2006）。尽管偶尔会有文化差异存在，一个文化环境中的孩子可能首先完成的任务与另外一个文化环境中的孩子稍有不同。不过，在整体层面，不同文化之间的模式基本上一致，让一个美国小朋友百思不得其解的任务，也很有可能让和他同龄的中国小朋友犯难。这种不同文化间的共性表示，虽然成长经历确实会对心理理论的发展有所影响，但驱使心理理论发展的，很有可能是某种更普遍的机制，一种人类与生俱来的能力。

3

但是，如果说心理理论是与生俱来的，那么为什么年纪更小一点的小朋友会在心理理论的测试中屡战屡败呢？

一种可能性是任务本身带来的挑战。经典的心理理论任务往往要求小朋友们听故事。对于成人来说，那些故事可能太过简单，甚至有些幼稚了。但是，对于一个连母语都还没有完全掌握的小朋友来说，可能连理解故事的句子都会是一个巨大的挑战。听不懂故事会导致小朋友不能通过测试，但这并不意味着孩子不能理解，别人也是拥有心理理论的。从另一个角度来说，对于年龄更小的孩子来说，更公平的方式是用不涉及语言能力的任务来测试。

2005 年，两位心理学家克里斯汀·奥尼希（Kristine Onishi）和热内·巴亚热昂极富创造力地为十五个月大的幼儿量身打造了一个不用借助语言的心理理论测试。在他们的研究中，小宝宝们不再需要听故事或者回答问题，而只需要观看一些实验人员精心设计好的事件就可以。奥尼希和巴亚热昂会在宝宝们观看事件的同时测量他们的注视时间。在他们的理论中，宝宝们会更长时间地注视违背他们期望、看上去更“出乎意料”的事件。

在这个任务中，十五个月大的宝宝们首先看到一张书桌上放了一个玩具。桌子上还有两个盒子：一个黄色的，一个绿色的。他们首先看到，一个实验人员从书桌后面的门进入了房间。她进来后，先把玩了一会儿玩具，然后将玩具放在绿色的盒子里。之后，她又两次将手伸进了盒子里，好像是在“够玩具”一样。这些动作的目的是让宝宝们熟悉这个动作序列，让他们熟悉这个实验人员和玩具互动的样子。

接下来，更有趣的“信念诱导”（belief induction）阶段开始了。顾名思义，在这个阶段，实验人员希望能“诱导宝宝们去理解实验人员拥有的信念”。信念诱导阶段分“正确信念诱导”和“错误信念诱导”两个条件。在“正确信念诱导”条件中，在门后的实验人员打开门的上半部分，俯身探到桌子前，她和宝宝一起看到，玩具从始至终都位于绿色的盒子里。但是，在“错误信念诱导”条件中，实验人员先和宝宝一起见证了“神奇”的一幕：玩具自己移动到了黄色的盒子里。接着，桌子后面的上半扇门又被抬起来，挡住了实验人员的视线。而这时房间里的宝宝再一次目击了“神奇”的一幕：刚到黄色盒子里的玩具，又移回了绿色的盒子。

当实验人员再一次回到房间里来找她的玩具的时候，她会在哪个盒子里找玩具呢？

奥尼希和巴亚热昂的实验设计思路不言自明。即使全程实验人员没有说一句话，我们也可以判断，在正确信念诱导的条件下，实验人员还是会在绿色的盒子里寻找她的玩具。相反，在错误信念诱导条件下，正常情况下，实验人员会在黄色的盒子里寻找她的玩具。这是因为实验人员只看到了故事的一半。她并没有看到，之后玩具又移回了绿色的盒子。她持有的信念与宝宝们所看到的事实有所不符，但这个错误信念仍然会驱使她去绿色的盒子里寻找玩具。

奥尼希和巴亚热昂的实验前提是，宝宝们会更长久地注视违反他们期望的场景。因此，在对实验结果进行预测的时候，我们可以将这样的判断转化为婴儿的注视时间。如果十五个月大的宝宝确实理解了别人可以持有或正确或错误的信念，那么，在正确信念诱导条件下，宝宝们应该更长久地注视实验人员在黄色盒子里搜寻的情况。而在错误信念诱导条件下，宝宝们的预判应当是“实验人员会在黄色的盒子里搜寻”，所以宝宝们会更长久地注视实验人员对绿色盒子的搜寻。

在这篇发表在国际顶尖期刊《科学》(*Science*)上的论文中，奥尼希和巴亚热昂记述了他们的确发现了小宝宝们这样的注视规律[①]。十五个月大的幼儿的注视时间与预测相符。如果实验人员在不符合他们预判的盒子里搜寻玩具，小宝宝们都会更长时间地注视着实验人员。奥尼希和巴亚热昂认为，这一结果表明，十五个月大的幼儿已经明白别人“会根据自己的信念行动，而这些信念是既可能反映现实，也可能不反映现实的表象”。这一发现，似乎说明小宝宝们拥有心理理论能力的年龄，要比之前的理论所预测的小了许多。

4

如果说，奥尼希和巴亚热昂的实验是唯一提供了低龄幼儿早慧的证据的研究，那么，这项研究其实并不能很好地说服心理学家们。在心理学中，很少会出现一个实验颠覆整个领域，或者一篇论文改写心理学的全部图景的情况。在绝大多数时候，一个实验需要经过不同实验室多次复制、经年累

---

① 在这里的实验描述对实际情况稍有简化。在真正的实验中，奥尼希和巴亚热昂总共包含了八个实验条件，平衡了玩具的初始位置，真实或虚假的信念条件，以及在测试阶段实验人员所搜寻的盒子的颜色。

月的跟踪研究，以及与持有先前理论的学者们进行大量的讨论，最终才能真正确凿地确定一项研究对于理论建构的价值。

不过，在之后的十余年间，奥尼希和巴亚热昂的实验被几十个来自世界各地的研究人员陆续复制。大量证据表明，小朋友们对于错误信念的理解、他们心理理论的发展，可能真的要比之前所认定的更早。有些研究团队甚至在更小的宝宝们身上，也发现了可能说明他们能够理解错误信念的证据。奥尼希和巴亚热昂的实验发现，在十三个月和十个月大的宝宝们身上都得到了复制（Luo，2011；Surian，Caldi，and Sperber，2007）。

还有一些研究团队将这样的发现延伸到不同的文化背景中。一项跨文化的研究表明，小宝宝们在心理理论能力上的早慧，在不同的文化背景中皆有体现（Barrett et al.，2013）。他们对比了三个生活环境差异较大的地方。这些生活在中国西藏的藏族宝宝、厄瓜多尔亚马孙地区的舒阿尔人（Shuar）宝宝以及斐济群岛的亚索万人（Yasawan）宝宝，都像奥尼希和巴亚热昂一开始测试的美国宝宝一样，表现出他们似乎理解错误信念的注视时长。

更有趣的是，在2014年，利用脑电图技术（EEG），心理学家测量了六个月大的宝宝们的感觉运动阿尔法波段抑制（sensorimotor alpha-band suppression）。这个信号通常被认为是与动作预测有关的神经信号。他们发现，也许就连六个月大的小宝宝，都已经能初步通过对他人信念的判断来预测动作（Southgate and Vernetti，2014）。

这些新出现的证据似乎都说明，也许是时候改写我们对心理理论发展的理解了。在过去近半个世纪里，我们从非有即无的一刀切式理解，逐渐进步成更细分、更循序渐进的递进性理解。而现在，我们或许可以将心理理论发展的时间线拉得更长，回溯到人类生命的第一年。

在近期的一篇理论综述中，巴亚热昂和她的同事罗斯·斯科特（Rose Scott）概括了目前心理学家们在心理理论发展上形成的两大理论阵营（Scott and Baillargeon，2017）。

一些心理学家是“根本变化理论”（fundamental-change accounts）的忠实拥趸。他们认为，在宝宝们的成长过程当中，心理理论能力确实发生了天翻地覆的改变。用在婴儿身上的心理理论任务，其实测试的并不是真正的心理理论。

婴儿更长的注视时间，可能说明他们觉得那些情景在简单的视觉构成上更新颖。也有可能说明我们每个人都具有两套系统。它们都与心理理论有关，但本质极其不同。一套系统真正支持心理理论能力，而另外一套系统所支持的能力，又被一些哲学家称作“最低限度心理理论”（minimal theory of mind）。这个系统虽然可以让年幼的宝宝们成功地通过测试，但是它并不能被称作真正的“心理理论”。因为在这个系统的限制下，宝宝们只能“追踪”一些类似于信念的“记录”（registration），而尚不能形成关于他人心理状态的表征，这样一来，也就不能满足心理理论的真正要求（Butterfill and Apperly，2013）。

与根本变化理论相对应的理论，被巴亚热昂和斯科特称为“实质连续性理论”（substantial-continuity accounts）。该理论认为，用在婴儿身上的心理理论任务与传统心理理论任务所测试的都是同一项能力。婴儿心理理论能力的发展在本质上是连续的。同样的能力在生命初期就有所体现，只是在过去常常受到其他因素限制而不能表现出来。宝宝们失败的原因可能是他们的抑制控制（inhibitory control）能力有限，可能是他们不能正确地理解故事的措辞，也可能是故事中的信息量超出了他们能处理的范围。种种原因，都有可能限制他们在心理理论任务中的表现，但这并不说明这些小宝宝完全缺乏真正的心理理论。

读心术听起来神秘莫测，但拜心理理论所赐，我们每一个人在很小的时候就能开始阅读别人的心理活动了。心理理论是保证我们能与人正常交往的前提，也是让我们与他人关系如此丰富美妙的秘密宝典。经过了几十年的研究，今天的心理学家对心理理论从何而来的理解已经上升到了一个崭新的高度。

不过，我们距离真正揭晓谜底的那天，仍有十分可观的距离。

今天的我们，生活在一个对人工智能充满憧憬与幻想的年代。我们梦想着能制造出拥有意识、善解人意的机器人伙伴。如果我们想要达成这一目标，必不可少的首先是关于我们自己心理活动的理解。我们是如何理解自己与他人的心理状态的呢？毫无疑问，在人生初期探索心理理论能力的起源，是回答这一问题重要的第一步。

小朋友会把机器人当成人吗？

1

“一个玩具能做的最崇高的事情，就是陪伴在孩子身边。”

这句来自电影《玩具总动员》中的经典台词，完美地概括了这一系列电影中最触动人心的故事线：无论发生什么事，有多大的困难，这些玩具们永远是孩子最忠实的朋友与守护者。这样的情节并不陌生：很多人在长大的过程中，都曾有过一些“特别的”玩具的陪伴。

这些玩具本身也许没有什么独一无二的——它可能是一个芭比娃娃、一个奥特曼模型，或者只不过是家长的同事顺手从礼品店里买来的泰迪熊。但不管它们是从何而来，在童年的很长一段时间，它们都是我们寸步不离的好朋友。我们和它们一起玩，一起睡觉，甚至在吃零食的时候也会试着假装喂它们一点。

这些没有生命的玩具，在本质上不过是一堆塑料或织物。但在童年的回忆里，它们都是我们最好的陪伴者。

也许正是儿童与玩具之间的亲密无间，导致了发展心理学家在历史上相当长的一段时间内，都认为儿童具有“泛灵论”（animism）的思考倾向。换句话说，小朋友们会自然而然地认为万物有灵，将没有生命的事物当作有生命的来对待。

发展心理学之父让·皮亚杰就是这一观点的忠实信徒。在他出版于1926年的经典著作《儿童世界观》(*The Child's Conception of the World*)中，他列举了大量例子，详细论述了儿童的泛灵论倾向。比如，他记录了一个对风好奇的小男孩。小男孩很想知道风知不知道它把自己的书页吹翻了。由于“知道”是一个用来描述心理状态的动词，按照皮亚杰的推理，这个小男孩显然是把风误认为是有生命的事物了(Piaget, 1929)。

这个例子虽然可爱，但缺乏科学证据的严谨性。在皮亚杰关于泛灵论的讨论中，他所引用的证据几乎都是基于他的观察或是对孩子们的采访。尽管这样的方法能提供一些孩子心理活动的迷人细节，可是与实验室中严格控制变量的实验相比，它的可信度要低很多。观察与采访所收集到的证据，都容易受到实验人员主观意愿的影响。

到了20世纪后半叶，发展心理学家们开始进入实验室，在更严谨的实验设计中重新审视儿童“泛灵论”的问题。也正是在这段时间里，越来越多的证据浮出水面，指明其实儿童在很早的时候就明白，有生命的事物和无生命的事物之间有着明确的边界。

心理学家梅里·布洛克(Merry Bullock)就曾做过这样一个实验(Bullock, 1985)。这个实验中，她让三到五岁的孩子们观看了一系列的小短片。小短片中既有像小兔子这样有生命的小动物，也有像积木一样无生命的物体。而小兔子和积木都会以不同的方式移动：要么自己开始移动，要么被一根黑色的棍子推着移动。在看完这些影片后，孩子们需要回答一系列问题，其中包括：“它能不能长大？”“我们把它像球一样随便扔出去行吗？”

这些问题旨在评估孩子们对于生命性的理解。很显然，一般对于有生命的物体来说，前一个问题的回答是肯定的，而后一个则是否定的。对于无生命的物体来说，问题的答案恰恰相反。

布洛克发现，即便是年龄最小的孩子在回答这些问题的时候也拥有相当高的准确性。他们真正容易犯错误的，是那些直接问一个物体是否有生命、是否是活着的问题。但这些错误并不阻碍他们正确地理解有生命事物一般所具有的性质：会饿，可以长大，可以自己动。布洛克的发现，和当时很多有关实验一起，使发展心理学家们开始重新审视儿童早期是如何理解有生命体和无生命体之间的区别的。虽然小朋友们看起来好像是把玩具当作有生命的好伙伴来对待，但这并不意味着他们真的会弄混有生命体和无生命体。

甚至，宝宝们对于有无生命的理解，在他们还不能完整地说出一句话的时候，就已经开始悄然发展了。

2

黛安·博林–杜波依斯（Diane Poulin-Dubois）是一位加拿大的心理学家。为了探究宝宝们对“活物”这个概念理解得有多彻底，她带领她的团队一起将目光投向了机器人（Poulin-Dubois，Lepage，and Ferland，1996）。

机器人，既是机器，也像人。在如今这样一个机器人技术蒸蒸日上的时代，万千工程师与科学家的梦想，都是尽可能地制造出更灵动、与人类更相似的机器人。不过，至少在目前阶段来说，我们知道无论机器人表面与人类有多相似，它的本质仍然是一台没有生命的机器。

那么，小朋友会如何判断机器人的生命性（animacy）呢？

我们理解机器人不具有生命，是因为我们学过很多与机器人有关的知识。我们知道它是由人类制造、经人类编程的。而我们对于有生命的个体的理解，也告诉我们机器人不属于它们当中的一员。有生命的个体可以进食、成长、衰老、死亡，但这些功能与属性都不能很好地在机器人身上复制出来。

可是与我们不同，小宝宝们并不具有这些知识。连“机器人”是什么都不知道的小宝宝们，真的能正确地判断出机器人不具有生命吗？

宝宝没准可以利用的一条线索，是自行式运动（self-propelled movement）。所谓自行式运动，就是指一个物体在不受外力作用下，是否可以自己开始运动。一般来说，只有有生命的东西才具有自行式运动的能力。

在博林－杜波依斯的实验中，她决定对比婴儿对陌生人和陌生机器人的反应，来研究婴儿是否能利用自行式运动来判断机器人的生命性。每个婴儿都参与了两个事先设计好的事件。在“静止”事件中，陌生人或机器人先坐在一个房间的地板上。随后，家长会带宝宝进入房间，把宝宝放在地板上让其自由探索。而在“移动”事件中，家长会和宝宝先坐在房间里，然后敲门声响起。门开之后，要么是陌生人，要么是受实验人员远程遥控的机器人，会非常缓慢地走进房间，坐在婴儿面前。

博林－杜波依斯和她的团队最关心的问题是，小宝宝们在静止状态和移动状态下会如何对机器人和人类做出反应。

他们先用视频记录了宝宝们的反应，然后让经过训练的研究助理对宝宝们的行为进行编码。宝宝们有的行为表现出积极情绪，像发声、微笑等。有的行为则表现出负面情绪，如大哭大闹、缠着爸爸妈妈等。

编码后，研究团队发现，在十二个月大的时候，宝宝们已经很会区别对待机器人和人类了。当机器人慢慢移动进入房间的时候，宝宝会表现出比陌生人进入房间时更多的负面情绪。而在静止事件中，无论是陌生人还是机器人，宝宝表现出的负面情绪都没有任何差异。按照博林－杜波依斯团队的解读，这意味着十二个月大的婴儿认为无生命物体的自行式运动是一反常态的。一岁的宝宝已经会把自行式运动与有生命的东西联系在一起。

3

物体移动与生命性之间的密切联系，在心理学中已经是老生常谈了。

早在 20 世纪 40 年代，两位心理学家弗里茨·海德（Fritz Heider）和玛丽安·西梅尔（Marianne Simmel）就已经通过实验证明，成年人会把屏幕上移动的形状当作“活生生”的东西来解读（Heider and Simmel，1944）。在他们的实验中，被试看了一段很简单的影片。影片内容无非是两个大小不一的三角形和一个圆圈在四处移动。海德和西梅尔确实精心设计了形状的移动轨迹，以模拟“追逐”和“打架”。不过，“追逐”也就是一个形状总是跟随着另一个形状移动，而“打架”不过是两个形状来回碰撞。

被试并不知道这段影片背后的意图，他们所看到的只不过是简单的几何形状在屏幕上移动。然而，大部分的被试却描绘出了极其生动的故事。

一个被试将其中一个三角形形容成恶霸，而另一个被试甚至讲述了三角恋的爱情故事。而当海德和西梅尔问及这些形状的“性格”时，被试提供了一致的惊人的回答：大三角形“咄咄逼人”“爱占便宜”，小三角形“英勇”“无所畏惧”，而圆圈则是“胆小”“充满恐惧”。这些几何形状本身自然不能提供任何关于它们性格的线索，它们甚至没有任何特点能够让人联想到人的特征。被试将这些形状形容成仿佛具有生命一样的个体，全然是因为这些形状的运动轨迹。

半个多世纪之后的今天，心理学家们对这一现象早已有了更深层次的理解。不少当代心理学家认为，这些关于生命性的判断其实是根植于我们的知觉系统本身，而并不来自我们高级的概念系统。我们就像看见红色、看见轮廓、看见三角形一样，“直接看见”生命性。用心理学家布莱恩·舒尔（Brian Scholl）和高涛（Tao Gao）的话说，对生命性的知觉“直接由视觉输入中特定而微妙的特征所控制”（Scholl and Gao，2013）。他们用一系列的实验表明，被试虽然会在观看飞镖形状的运动时声称看到“追逐”事件，但是只要当飞镖的指向稍有不同，栩栩如生的追击行为就瞬间消失了，他们就只能看到屏幕上一些移动的形状。

如果说对于生命性的判断直接来自我们的视觉系统，那么，也许一岁以下的宝宝能够将移动与有生命的东西联系在一起，也就不足为奇了。

然而，这个解释似乎仍有不尽如人意的地方：如果婴儿可以直接从自行式运动中“看到”生命性，那么，他们为什么不认为所有可以自己开始移动的个体都属于有生命的个体呢？在博林－杜波依斯的实验中，机器人和陌生人都会自己开始移动。那么，为什么他们会觉得一个会自己移动的机器人比一个会自己移动的陌生人更令人不悦呢？

显然，还有其他的元素在支持婴儿对生命性的理解。

4

一些心理学家认为，联系学习机制（associative learning mechanism）在对生命性的理解上起着不可或缺的作用。

所谓联系学习机制，通俗来说，就是如果A经常和B一起出现，A和B就会被学习者联系起来。在对生命性的理解上，婴儿早期所接触到的拥有生命的个体都会自己开始移动：身边的大人、小伙伴，或者家里的宠物等。而他们所接触到的无生命物，只有在有外力作用的情况下才能开始移动：积木需要被人搬动，玩具娃娃必须要被人挪动，小皮球要被人轻轻踢一脚，不然它们都只会一动不动地停在那里。日积月累，宝宝们就会将自行式运动和生命性联系在一起，之后还能从环境中提取出更多的联系。随着宝宝不断成长，他们区分有无生命的线索也会越来越多，除了自行式运动以外，还包括运动轨迹以及其他因果形式等。

除此之外，对于生命性的理解中也必须含有对心理因果关系（psychological causality）的理解。一个理解心理因果关系的宝宝，是懂得一个有生命的个体拥有的心理状态，可以成为该个体做出某些行为的原因，也可以是另外一些行为的结果。这种能力的起源至今仍然处于众说纷纭的状态。有些心理学家认为它与生俱来，但也有人认为它的源头其实就是联系学习机制。

博林－杜波依斯和她的同事戴维·拉基森（David Rakison）认为，对这些心理因果关系的理解也是从形成联系开始的（Rakison and Poulin-Dubois，2001）。宝宝们首先理解自己拥有的心理因果关系能力，明白自己的心理状态可以导致动作的产生。随后，这样的心理因果能力被推广到其他拥有和自己具有相似特征的个体，如人类个体身上。

博林－杜波依斯和拉基森认为，人类个体可能是最先被婴儿认作拥有心理因果关系的有生命的个体，因为其他人和宝宝拥有最多的共同特征。大人的面庞、手掌和腿，都与宝宝自己的身体相似。而大人也会进行许多宝宝自己在日常生活中经常进行的活动。就拿手来说，大人和宝宝一样，都需要伸、抓、握等。这样的相似性就会触发宝宝们的联系机制，让宝宝们也能将自己的心理状态与自己动作之间的联系，慢慢推广到大人们的动作当中去。最后，他们会把心理状态与某种动作紧密地联系在一起，把某种动作与“有生命”联系在一起。

宝宝们并不是某天早上一睁眼，突然发现身边的万物都自动被归类为“有生命”或者“无生命”的。就像其他许多心理能力一样，对生命性的理解也是在婴幼儿时期不断发展的。有生命的东西和无生命的东西之间的区别，在生命的最初阶段并不存在黑白分明的界限。而界限的不断清晰化，也是在很大程度上受到宝宝们生活中的经历所影响。

5

时代在变迁，自然而然，出生在不同时代的宝宝拥有的生活经历也大相径庭。博林－杜波依斯的机器人实验是在20世纪90年代末进行的。自那之后的20年中，科技的迅速进步大量普及了机器人与人工智能技术。几十年前，嘱咐机器人给你扫地可能会被认作天方夜谭的事，但在今天，这样的事情早已成为很多家庭的日常。越来越多的人敞开家门，欢迎某种意义上的机器人的“入驻”，越来越多的宝宝早已习惯与这些人造物之间的互动。

我们与没有生命的机器的互动方式早已发生了变化，而生活在这种环境里的孩子，很难不受到影响。1994年，心理学家尤里·布朗芬布伦纳（Urie Bronfenbrennr）曾提出，儿童发展受一些紧密嵌套的系统所影响，其中就包括时间系统（chronosystem）。大的社会环境、历史变化，也会对孩子们的发展轨迹产生影响。今天出生的孩子和几十年前出生的孩子相比，自然会呈现出一些不同的特质。

2011 年，一群加拿大科学家拜访了一座科技馆，对 184 名八岁左右的孩子进行了采访。这些科学家最感兴趣的是孩子们对机器人的看法（Beran，Ramirez-Serrano，Kuzyk，Fior，and Nugent，2011）。在这项调查中，研究人员向孩子们介绍了一个贴了两只塑料假眼的机械臂。在观看了机械臂表演的叠积木之后，研究人员调查了孩子们的感受。令人有些惊奇的是，52.7% 的孩子认为这样一个简单的机械臂也拥有认知能力，同意机器人能看到他们、记住他们。不仅如此，64% 的孩子觉得机器人喜欢他们，69% 的孩子认为如果他们跑去和别的小朋友玩，这个机器人会“觉得被冷落”。

这些孩子的反应，与博林 – 杜波依斯的机器人实验中呈现出负面情绪的小宝宝们完全相反。尽管这些孩子比原实验中的孩子要年长得多，但这同时也让人遐想这样一种可能性：随着我们生活中的机器人越来越多，会不会有朝一日，那些小宝宝也会对自行式运动的机器人产生好感呢？出生于今天的宝宝们，也许比起 30 年前的孩子们更适应机器人，也会更容易将机器人理解为有生命的个体。久而久之，人类对于生命性的概念，是否也会产生改变呢？这些有趣的问题，都等待着未来心理学家的回答。

大人们往往会认为与机器人共处的未来充满着反乌托邦式的黑暗色彩。但事实也许并不一定如此。

我们对于机器人的一些看法，何尝不是来自我们自身的成长经历、我们对于生命性的固有想法呢？既然科技改变了我们生活的方方面面，可以想象，它也必将改变我们对于机器人、对于生命本质的思考方式。孩子们是我们真正的未来，而他们对机器人的喜爱，或许预示着一个人类和机器人和谐共存的社会。

甚至，《玩具总动员》中的幻想终有一天可以成为现实。孩子们的玩具成为他们忠诚的朋友与守护者。它们肯定不能完全取代人类的陪伴，但可以想象的是，它们的出现，必将给孩子们带来更多的欢声笑语，更多美好的童年回忆。

人之初，性本善——道德真的是与生俱来的?

1

对于大多数人来说，“道德”这两个字的含义，恐怕很难用三言两语概括清楚。

社会倡导人人都应该遵守道德，可究竟什么是遵守道德呢?

遵守道德是做好人的意思吗? 那什么是“好人”呢?

如果好人就是指那些乐于助人、在别人需要的时候积极伸出援手的人，那么，如果需要帮助的人想去放火抢劫，这个“乐于助人”的人，还能称作好人吗?

而乐于助人的“助”，似乎也有一定含义上的限制。如何帮助人才是合情合理的呢? 如果为了帮助一个人，而让很多人陷入困境的话，这又称得上是道德的行为吗?

……

“道德”背后含义的模糊，并没有阻止它成为人类社会中基石般的存在。

尽管很难回答“道德”到底意味着什么，但如果说起一个假想中道德不存在的社会，几乎所有人都会倒吸一口凉气。如果没有道德，那我们也就没有好坏之分，没有法律或社会规范来引导人们应该做什么，不应该做什么。这样的人类社会，势必逐渐被混乱吞没。

作为社会性的动物，人类无法生活在一个没有道德的世界里。道德之重要，自然促使它成为思想史上永恒的话题。18 世纪时，伟大的哲学家伊曼努尔·康德（Immanuel Kant）曾写道："世界上只有两样东西是值得我们深深景仰的，一样是我们头上的灿烂星空，另一样是我们内心的崇高道德法则。"

如果我们继续回溯，其实，在康德之前的几千年，古希腊哲学家柏拉图就在《美诺篇》中记载了关于道德的探讨。在这篇经典对话中，美诺向苏格拉底提起道德的起源。他想知道道德究竟从何而来：道德究竟是因为被教导才产生的，还是一种人类的天性？

美诺的问题，终于在几千年之后的今天，听到了心理学界的回声。发展心理学家凯利·汉林（J. Kiley Hamlin）指出，美诺和苏格拉底之间的对话所体现的，正是经验论（empiricism）和先天论（nativism）之争（Hamlin，2015）。经验论认为后天经验重于先天基础，而先天论则持相反的观念，视先天基础为后天经验的必需条件。这两方之间的对峙是发展心理学中永恒的主题，自然也在道德的起源问题上有所碰撞。

道德从何而来？一种可能性是，道德主要起源于我们对身边人的观察。小宝宝从观察爸爸妈妈、兄弟姐妹的一举一动中，逐渐意识到什么是该做的，什么是不该做的。但与此同时，也有相当数量的发展心理学家把赌注押在了辩论的另一端：我们的道德观念，其实是与生俱来的。

2

在讨论道德观念从何而来之前，我们首先需要明确道德观念的定义。非常多研究道德发展的心理学家都意识到定义道德观念的难度。事实上，无论是哲学还是心理学，专家学者们都一直在辩论人们是否真正拥有一个全天下普遍的道德法则、全人类共享的道德观念。

不过，为了能够设计出可以由实验检验证伪的假说，心理学家常常会对道德观念进行简化。比如，汉林在研究中采用了一个相当宽泛的定义，她认为凡是能被我们的常识涵盖的内容都可以算作道德观念的一部分。举个例子，我们的常识中杀戮掠夺是坏的，分享奉献是好的，这些判断都是我们道德观念的一部分。如此可见，对他人进行社会评价（social evaluation）是道德观念的必要组成元素。所谓社会评价，就是指能够识别、区分他人行动的社会意义与好坏。最简单的例子，就是意识到“帮助”这样的行为是积极的，而“阻碍”则是消极的。

在 2007 年的一项研究中，汉林和她的同事发现，似乎即使只有六个月大的婴儿也能进行社会评价（Hamlin，Wynn，and Bloom，2007）。

在汉林的实验中，宝宝们首先会观看“帮助”和“阻碍”两种事件。在这两种事件中，都会有一个“小攀登者”：一个眼睛滴溜溜转的小红圆，正试图登顶一座山。它尝试了两次都没成功，到了第三次时，画面中要么出现一个“小帮手”，要么出现一个“小捣乱”。出现“小帮手”的事件里，“小帮手”

倾力相助，把小攀登者推上山顶。但如果出现的是“小捣乱”，“小捣乱”就会把奋力向上的小攀登者推下山，让它骨碌碌地滚走。

在观看完这两种事件之后，实验人员会把“小帮手”和“小捣乱”的玩偶拿到宝宝面前，让宝宝选。汉林的团队发现，宝宝们更倾向于伸手触碰“小帮手”玩偶。不仅如此，宝宝们会再观看两个后续事件。在后续事件中，小攀登者要么向“小帮手”靠近，要么向“小捣乱”靠近。而通过测量宝宝们的注视时长，汉林的团队发现宝宝们会花更长的时间盯着接近“小捣乱”的攀登者。按照汉林的解读，更长的注视时间意味着婴儿的“惊讶”程度更高：宝宝们认为，接近阻碍过自己的人的行为是十分不同寻常的。

“六个月大的婴儿也能进行社会评价”这一发现，在当时的学界引起了不小的轰动。但这项研究只是一个开端，后来，汉林又将相同的实验范式应用在三个月大的婴儿身上。他们发现，这些不足百天的小宝宝似乎也能进行类似的社会评价（Hamlin，Wynn，and Bloom，2010）。此外，还有研究表明，婴儿的社会评价并不仅仅局限于“帮助是好的”“阻碍是坏的”这样的简单一刀切。汉林还有一些实验结果表明，到了八个月大的时候，婴儿会更偏好“惩罚坏人”的人（Hamlin，Wynn，Bloom，and Mahajan，2011）。也就是说，如果有一个小玩偶惩罚了另外一个曾经对他人进行阻碍的玩偶，那么婴儿事实上会更偏好惩罚者。

这一系列的实验证据让汉林认为，婴儿们很有可能天生就具有道德观念。毕竟，很难想象，一个刚刚呱呱坠地的小宝宝能够在如此短暂的时间里习得关于道德的理解。

3

如果我们接受汉林对于实验的解读，认为这些证据真的表明小宝宝们天生就是小小道德家，那么接下来一个自然而然的问题就是："为什么？"为什么我们会有与生俱来的道德感？如果说某项能力是天性使然，那这项能力肯定在人类漫长的进化史上利大于弊。那道德在何种意义上帮助了我们呢？

关于道德的先天论，一种新出现的假说与合作有关。有不少学者认为，道德的本质其实是一些促进合作的技能集合。这些技能可以让一大群没有血缘关系的个体之间互相交流沟通，齐心协力达成目标。这样的合作性与社会性，是人类作为一个物种如此成功的重要原因。

"无穷的远方，无数的人们，都和我有关。"鲁迅先生的这句经典名言，凝练地点出我们的社会生活状态。无论我们喜欢与否，即使是最内向的人，也都牢牢地镶嵌在社会人际关系这张大网中。在学习工作中，我们需要与同事和团队成员合作。在个人生活中，我们也会花大量的时间和朋友一起闲谈玩乐。哪怕我们在房间中独自一人，互联网和社交媒体也能使我们与千里之外的人紧密相连。毫不夸张地说，每一个人都与其他人或直接或间接地相连。这种社会联系的密切程度，在其他动物身上是很难想象的。

正因如此，心理学家迈克尔·托马塞洛（Michael Tomasello）将人类称作"超社会动物"（the ultra-social animal）（Tomasello，2014）。在托马塞洛的职业生涯中，他花了相当长的一段时间研究小朋友和我们的猿类“近亲”。这两种研究对象，能分别从发展心理学和进化心理学的角度提供关于道德起源的线索。在他的理论中，道德行为最重要的功能是调节人与人之间的社会交往。由于每一个个体都多少有些自私的倾向，道德的存在可以保障“合作”至少是人类社会交往的大方向。

合作本身其实并不是人类独有的能力。长期的研究表明，包括猩猩、大猩猩、黑猩猩和倭黑猩猩在内的四种大型类人猿，都能配合自己的同类进行社会合作。有研究表明。野外的黑猩猩会与同伴合作狩猎，还会结成“联盟”，在打架的时候支持自己的死党（Boesch and Boesch，1989）。还有研究发现，当人类饲养的黑猩猩看到人类试图去拿一些明显够不着的东西时，黑猩猩会主动伸出援手，把东西递给人类（Warneken and Tomasello，2006）。

但是，人类的社会性对所有猿类来说仍是独一无二的。比如，人类在婴幼儿时期就热衷于不计回报地帮助他人。有实验表明，刚一岁的宝宝们虽然不会说话，但是他们特别乐于给他人提供线索。如果发现一个大人正在找东西，而他们恰好知道东西的位置时，他们会特别乐于伸出小手指向物体的位置。更有趣的是，后来的一项研究还发现，宝宝这样做绝对不是为了获得什么奖励。实验人员发现，如果二十个月大的宝宝因为乐于助人而获得物质奖励，当奖励慢慢消失的时候，他们会逐渐停止乐于助人的行为。但与此形成鲜明对比的是，那些只获得口头表扬，或者根本没有受到任何反馈的宝宝，在奖励消失的情况下，也会继续提供线索（Warneken and Tomasello，2008）。

在托马塞洛的理论中，宝宝们这些乐于助人的行为正是人类在进化过程中获得的适应性特征。这样的特征让人类这一物种格外成功。在这样的理解下，汉林的研究可能听起来就不那么令人惊讶了。毕竟，如果道德是在我们漫长进化史中发展出来的技能，那么它出现在每个宝宝的“出厂设置”里也就没有什么奇怪的了。

4

但并不是所有的心理学家都这么认为。

固然，从理论上讲，道德观念可能是与生俱来的。但理论也需要证据支撑。不少学者对于像汉林团队呈现的婴儿道德观念的实验证据，一直持有怀疑态度。在汉林的经典实验成果发表五年之后，新西兰的一组心理学家重新设计了汉林的实验，提出汉林的“证据”可能另有其解。

这个由达米安·斯卡夫（Damian Scarf）主导的团队指出，宝宝们对于“小帮手”的偏好，很有可能只是攀登者在一个条件下更吸引宝宝的注意力而已（Scarf，Imuta，Colombo，and Hayne，2012）。在成功登顶后攀登者跳了一段“快乐的舞蹈”，上上下下弹跳了一段时间。这一比较吸引注意力的动作，会导致婴儿们将弹跳这样的积极事件与事件中的“小帮手”联系在一起，进一步导致宝宝们在之后优先选择“小帮手”。与之相对的阻碍事件中缺少这样的弹跳事件，宝宝们也就自然不会对“小捣乱”青睐有加。

这样的假说的确得到了实验证据的支持。在斯卡夫和他的团队进行的新实验中，一共有三个不同的实验条件。在这三个条件中，婴儿们都将看到帮助事件和阻碍事件交替发生。但这三个条件彼此不同的是攀登者何时会跳“快乐的舞蹈”——上下弹跳一段时间。

被分配到“山顶弹跳”条件下的婴儿看到的和汉林实验中的一致，只有攀登者在成功登顶的时候才会热闹一下。但是，被分配到“山底弹跳”条件下的宝宝看到的正好相反，在阻碍事件中骨碌碌滚下山坡的攀登者，会在山脚下弹跳一段时间。最后，还有一组宝宝看到的是“同时弹跳”，也就是说，无论是在帮助事件还是在阻碍事件中，攀登者在山顶和在山底都会来一段弹跳舞。

在汉林的理论中，弹跳本身应该一点都不重要。在弹跳之前，帮助和阻碍这两种行为已经发生了。一个懂得社会评价，拥有基本“道德观念”的宝宝，应该已经火眼金睛地看出谁是帮助者、谁是阻碍者了。所以，如果宝宝真如汉林所说，天生就拥有道德观念，那么，他们在这三种条件下都应当更加偏好“小帮手”。

然而，斯卡夫的实验结果却驳回了这一点。事实上，只有“山顶弹跳”条件下的宝宝们复制了汉林的发现，他们更多地选择“小帮手”。然而，在“山底弹跳”条件下，一组16个婴儿中有高达12个婴儿都选择了“小捣乱”。而被分配到“同时弹跳”条件下的宝宝们，选择帮助者和阻碍者的宝宝各占一半。这样的结果表明，似乎“蹦蹦跳跳”更能解释汉林原本的发现。宝宝们选择“小帮手”，是因为他们更喜欢看和

“蹦蹦跳跳”有关联的东西，而不是由于他们更喜欢帮助者，偏好有道德的行为。

斯卡夫的发现也响应了科学哲学中的“奥卡姆剃刀原理”。在汉林与斯卡夫的实验中，科学家们需要解释的是宝宝们为什么更多地选择小帮手。汉林认为这是因为宝宝们可以进行社会评价，拥有道德原则，而斯卡夫则认为这不过是因为宝宝们把“蹦蹦跳跳”事件和“小帮手”联系了起来。相比较来说，斯卡夫的假说对宝宝小小年纪拥有的心智能力要求更低，拥有的假设更少。因此，根据奥卡姆剃刀原理，斯卡夫的解释似乎略胜一筹。汉林的实验并不能说明婴儿们在很小的时候就拥有惊人的道德观念，能够在道德的基础上评价他人的行为。

5

“第一，我们目前进行道德哲学的研究是没有好处的。道德哲学应该在我们拥有充分的心理学哲学研究之前放在一边。我们在心理学哲学上还是明显很缺乏的。”

在半个多世纪前，20 世纪杰出的分析哲学家 G.E.M. 安斯科姆（G. E. M. Anscombe）在《现代道德哲学》一文中开宗明义地论述了心理学哲学对于道德哲学研究的必要性。这篇极有影响力的文章，在之后道德哲学的走向上留下了深刻的烙印。正如安斯科姆所说，道德确实是哲学和心理学的完美交集。一个脱离了心理学现实的道德观念必然是空洞的，对人类心理活动的实证研究可以在本质上丰富我们对道德哲学的理解。

汉林、托马塞洛、斯卡夫等人的研究，只是道德心理学这个领域的冰山一角。今天，只要在谷歌学术上输入“moral psychology”这个关键词组，我们瞬间就会获得 64 100 个结果。道德心理学仍然是一个快速发展的领域，越来越多地吸引了从事不同领域工作的心理学家的目光。除了行为学研究，还有心理学家在研究道德推理的计算模型。这一研究角度可以追溯到 20 世纪后期。在 80 年代末，心理学家托马斯·舒尔茨（Thomas Schultz）就编写了一个名为“道德推理器”（Moral Reasoner）的计算机程序（Darley and Shultz, 1990）。早在当年，这个程序就可以读入英美法律中的案例，得出与真实人类推理相似的责任分配思路，判断究竟谁应该是主要责任人。而几十年后的今天，想必也有更加成熟先进的道德推理模型。

与此同时，随着脑成像技术的成熟，很多心理学家开始在我们头颅中这软塌塌的一坨组织中寻找道德的根源。在麻省理工学院（Massachusetts Institute of Technology）的开放课件网站上就有一节名为“道德的神经科学”（Neuroscience of Morality）的课程。这门课的主讲人是麻省理工学院脑与认知科学系的丽贝卡·萨克斯（Rebecca Saxes）教授。她的研究方向，主要与社会推理的神经关联有关。她和研究团队曾成功地鉴别出当一个健康的成年人在进行道德判断时所激活的大脑区域（Young and Saxe, 2009）。

而还有些人将这一研究推向更加极端的方向。保罗·扎克（Paul Zak）是一位因 TED 演讲而广为人知的神经科学家，他声称由九个氨基酸组成的肽类激素催产素（Oxytocin）就是让“世界充满爱”的“道德分子”。但没过多久，他的观点和论述就受到了许多严厉的批评。世界著名神经科学哲学家帕特里夏·丘奇兰（Patricia S. Churchland）与心理学家皮奥塔·温基尔曼（Piotr Winkielman）曾著长文质疑保罗·扎克的全套说辞（Churchland and Winkielman，2012）。今天，许多心理学家甚至根本不认为催产素这样的激素可以调节人类的社会行为，更不用说它能成为听上去如此玄之又玄的“道德分子”了。

就像任何一个研究方向一样，道德心理学的进步之路也充满了争论。在这些争论此起彼伏的同时，你可能还是会发现自己仍然渴望一个最基本的答案：道德究竟是什么？究竟是什么，能让千百年来的哲人如此深思，能让人类社会如此和谐？

遗憾的是，道德的真正定义，至今没人拥有一个令所有人信服的答案。虽然心理学家可以将“道德”翻译为“合作行为”，但这毕竟只是为了实验操作而进行的简化。斯坦福哲学百科全书中甚至专门有一个名为“道德的定义”的条目。在该条目中，哲学家伯纳德·格特（Bernard Gert）评论说，无论是描述性的定义还是规范性的定义，道德一词意味着什么是仍然充满了争议性的（Gert and Gert，2017）。

人类会有真正理解道德的那一天吗？这个问题的答案，同样尚未揭晓。但无论如何，在那一天到来之前，心理学家和哲学家都将并肩向前，一同对人性中的这一美妙奇迹进行探索。

离不开文化的心理学

1

很难想象，作为社会动物的我们，生活中能有哪一方面不受文化的影响。

就拿穿着打扮举个例子。服装本身，就是文化的产物。不光是汉服或旗袍这样本身就能彰显民族特色的服装，就连我们在服装店里最常见的T恤，也并不是诞生于文化的真空。它的历史，可以追溯到19世纪末至20世纪初的美国。而且，人不仅穿什么样的衣服会受到文化影响，就连穿不穿衣服本身，都与文化息息相关。20世纪中叶，人类学家在拜访南苏丹时，发现对于生活在那里的努尔人（Nuer）来说，穿衣服并不是日常生活中默认的选项。只有在特殊场合，拥有特定身份的努尔人才需要穿衣服（Beidelman，1968）。

衣服只是文化影响我们的一小方面。衣食住行，柴米油盐，我们生活中的每一个元素都受到文化的影响。没有一个人可以孤立于文化之外存在。可以毫不夸张地说，有人的地方就有文化。

按理说，心理学作为主要对人的心理活动感兴趣的学科，自然无法忽略文化的影响。然而，遗憾的是，在大部分实验心理学的研究中，文化常常被视为不相关的变量。

心理学陷入被称为“WEIRD”（奇怪）的危机已经10年了。WERID是“白人（white）、受教育的（educated）、工业化的（industrialized）、富有的（rich）和民主的（democratic）”的缩写。这个形容词精确地概括了目前大多数心理学实验参与者的人口特征——绝大多数的心理学实验，都是在WEIRD人口中进行的。心理学家常常认为，无论实验室里发现什么样的心理机制，这样的机制都同时适用于全体人类成员。

正是这样的考虑，让一个问题一直像一把达摩克利斯之剑，悬在心理学之上：在实验室里对WEIRD人口进行研究带来的发现，究竟能在多大程度上延伸扩展到所有人类身上呢？如果人的方方面面都受到文化影响，那么，当所有关于人类心理活动的证据都收集于来自一种文化——WEIRD文化的实验者时，我们又如何能相信实验结果真的适用于全体人类成员呢？对文化视若无睹的心理学，真的能帮助我们更好地理解人类心理活动的本质吗？

正因意识到这样的局限性，近些年来有越来越多的心理学研究将目光直接投向文化的影响。这一次，心理学家发现，文化的影响可能并不仅仅体现在生活方式、衣食住行或者价值体系上。文化带来的群体之间的差异，远比常人想象的更加深远。它可以触及我们的视觉注意力，影响我们对于景物观察的方式，甚至这样的影响，在人生的最初几年就有所显示。

2

艾宾浩斯错觉（Ebbinghaus illusion）是实验心理学中最经典的视觉错觉之一。演示它的方式很简单：让两个大小相同的圆并排，其中一个圆由一圈更大的圆包围，而另一个圆由一圈较小的圆包围。绝大多数人都会觉得，那个在大圆中间的圆比在小圆中间的圆“看起来”更小一些。哪怕我们真的知道这两个圆其实大小一样，我们也没有办法改变我们真的“看到”的大小差异。

鉴于艾宾浩斯错觉是我们视觉系统的产物，很多心理学家都认为，这样的错觉应该是放在什么文化背景的人身上都适用的。不管我们的生活方式、价值观或信仰有多么不同，我们毕竟都拥有一个结构和功能均相差无几的视觉系统。如果我们会觉得一个圆比另外一个圆看起来更大，那另外一个生活在大洋彼岸的人，估计也会这样认为。

然而，近些年来，越来越多的研究人员发现文化差异的无孔不入，甚至能体现在艾宾浩斯错觉中。研究人员发现，生活在纳米比亚的辛巴族人所体验到的艾宾浩斯错觉就要弱于生活在英语世界中的被试。也就是说，这些辛巴族人，对两个圆圈大小的判断会更准确（de Fockert，Davidoff，Fagot，Parron，and Goldstein，2007）。

不仅如此，不同文化里的小朋友，开始受艾宾浩斯错觉影响的时间也有所不同。心理学家知道，艾宾浩斯错觉其实很难骗过十岁以下小朋友的眼睛（Doherty，Campbell，Tsuji，and Phillips，2010）。然而，并不是所有拥有不同文化背景的小朋友都像当时实验中所测试的西方儿童一样免于影响。当心理学家对比日本小朋友和加拿大小朋友的表现时，他们发现，日本小朋友的表现与成年人更加相似。也就是说，他们比加拿大小朋友要更早地受到艾宾浩斯错觉的影响（Imada，Carlson，and Itakura，2013）。

如果人类真的拥有一些不受文化影响的心理机制，那也应该是像艾宾浩斯错觉这样主要与视觉有关的现象。可是，种种实验证据都表明，文化上的不同也体现在艾宾浩斯错觉上。更令人百思不得其解的是，为什么这样的差异会在人生早期，在小朋友们甚至还没有多少文化体验的情况下出现？这样的文化差异从何而来呢？

今田俊江（Toshie Imada）是首批发现儿童艾宾浩斯错觉中的文化差异的心理学家之一，她认为“背景敏感性”（context sensitivity）的差异可以解释艾宾浩斯错觉上的差异。背景敏感性指的是，当我们在看一张图片或一个场景的时候，我们在多大程度上会将注意力部署在背景上。“看”这个行为，不仅需要我们将眼球转向某个位置，也需要我们集中视觉注意力（visual attention）。而部署视觉注意力的差异，正是很多关于东西方文化之间认知方式不同的一个体现。

3

在心理学家对于东西方文化差异的研究中，理查德·尼斯贝特（Richard Nisbett）和他的同事提出的西方“分析认知”（analytic cognition）与东方“整体认知”（holistic cognition）的理论框架不可不提（Nisbett，Peng，Choi，and Norenzayan，

2001）。

就像许多抽象的理论一样，分析认知和整体认知的准确含义，也很难用一两句话简单概括出来。在实际应用的时候，不同的心理学家也会将这两个概念转换成不同的实验任务。但简单来说，具有分析认知特点的西方人，更关注画面中的中心客体（object），生活中更强调独立的个体。相比之下，具有整体认知特点的东方人，则更关注画面整体场景，在生活中也更在意一个人所属的群体和自己与他人之间的关系。

尼斯贝特认为，这两种认知风格历史悠久。在古希腊哲学和儒家哲学中就已经可以观察到两种文化之间分析性与整体性的差异。在古希腊人的著作中，不难发现个人价值的重要性。对于古希腊人来说，幸福与一个人自己所能实现的目标密切相关。日常生活中，古希腊人的个人自由也受到高度重视。而儒家哲学则与此形成鲜明对比，认为“和谐”才是幸福的源泉。儒家认为，幸福与一个人拥有的社会角色息息相关，只有各司其职、遵守三纲五常，才能通向幸福，与个人自由相比，社会和谐更加值得重视。

这样的文化差异并不只是历史的余烬。在几千年后的今天，它仍体现在我们日常生活中的方方面面。

比如，具有不同文化背景的人在处理人际冲突的方式上就非常不同。心理学家们曾采访了近 200 名日本和美国的大学生，详细地调查了他们发生在近期生活中的人际冲突。心理学家们发现，在处理与身边人的冲突时，日本参与者使用“回避”方式的可能性，要比美国参与者选这种方式的可能性高出近一倍。而美国参与者更倾向于选择的解决办法是说服对方。他们选择这种方法的可能性是日本参与者的三倍之多（Ohbuchi and Takahashi，1994）。按照心理学家们的理解，这样巨大的差异正是体现了西方分析认知优先考虑个人，而东方整体认知更关注人与人之间的和谐的特点。

此外，这两种文化的认知差异还体现在语言上。与英语相比，汉语的句法规则相对要少。因此，如果听者要想明白说话者的实际意思，他就必须更多地关注句子的语境（Freeman and Habermann，1996）。有趣的是，还有人发现，当汉英双语者在说中文的时候，要比他说英语的时候更容易提及关系，这正好体现了分析思维与整体思维所对应的个体与关系的侧重（Ji，Zhang，and Nisbett，2004）。虽然“先有语言”还是“先有文化”的问题如同“先有鸡还是先有蛋”一样难以回答，但这一发现，至少在一定程度上说明分析认知和整体认知的差异，已经深深地烙印在这些文化所使用的语言之中。

心理学家对于这两种认知的起源，目前只有一些猜测性的见解。尼斯贝特就曾提及，也许是东方文明对于农耕的依赖导致了对和谐的青睐，而西方文明的游牧之源则更偏重个体。但无论起源如何，分析认知与整体认知的差异的确是当今心理学家们摸索文化差异的重要理论框架之一。自尼斯贝特和同事撰写的综述论文发表后的 20 年间，仅这一篇文章就被引用了多达 4 700 余次。可以说，这个理论框架已经成为文化心理学领域最重要的成果之一，直到今天，也仍在不停地影响着心理学家对文化因素的理解。

4

但是，这样的理论如何解释文化差异在小朋友身上的体现呢？

在上小学前，东西方小朋友在是否会受艾宾浩斯错觉影响上就有所差异了，文化差异自然是来自一个人从小到大的生活环境的不同：如果一个小朋友从小就成长在另外一个国家，那他在一定程度上会拥有更偏向于那个国家的生活习惯、思维模式。可是，在从出生到四岁这短短四年时间里，小朋友们真的有足够多与文化相关的生活经验吗？

发展心理学家和其他分支的心理学家一样，也倾向于默认，实验研究中发现的小朋友们的心理特征可以泛化推广到全世界的所有小朋友身上。甚至，相比其他心理学，没准发展心理学推广泛化的机会更大一些：毕竟，无论出生在世界的哪一个角落，人生的前几年的经历没准都差不多，即吃吃睡睡、玩玩闹闹。

然而随着文化差异越来越受重视，发展心理学家发现，其实就连婴儿期和童年早期，世界各地的小朋友都因文化差异有着截然不同的生活体验。

一个例子就是睡眠方式：小朋友们是单独分床睡，还是和爸爸妈妈一起睡呢？

我们往往会认为这样的问题也许会有一个“最科学”“最正确”的答案。然而研究表明，睡眠方式是好是坏，其实取决于小朋友们置身的文化背景。例如，在高度重视独立个体的西方文化中，和爸爸妈妈一起睡觉往往会给小朋友带来许多睡眠问题。和父母一起睡的孩子，会有更高的概率出现入睡困难或者起夜的情况。相反，像日本这样东方集体文化中的典型，和爸爸妈妈一起睡往往是默认的选项。实验人员也发现，与父母同睡的日本小朋友，在晚上醒来的次数，与自己单独睡的美国小朋友相差无几，睡眠质量都很有保障（Latz，Wolf，and Lozoff，1999）。

睡眠方式只是文化影响小朋友们生活的一个小例子。再比如说，就连聊天说话，东西方家长选择的方式都极为不同。一项观察研究已经发现，当爸爸妈妈在提起以前发生在小朋友们身上的事情时，东方父母更倾向于“讲道理”。他们喜欢把这些故事当成“树立道德标准”、讲大道理的素材。而反观西方父母，在同样讲起发生在小朋友们身上的事情时，则更倾向于把这些事情当作笑谈，或者通过这些事情对小朋友们进行肯定（Miller，Wiley，Fung，and Liang，1997；Wang and Chang，2010）。

这种对话差异不仅仅是在观察研究中有所体现。在更严格控制的实验室环境中，哪怕只有短短几十分钟的测试里，实验人员也发现了类似的文化差异（Senzaki，Masuda，Takada，and Okada，2016）。

在一项由父母和小朋友共同参与的实验中，研究人员让父母和小朋友一起描述图片。爸爸或妈妈会和小朋友一起坐在屏幕前观看一些动画片。在动画片结束之后，家长需要和小朋友一起谈刚才看到的动画片里的内容。通过对家长描述的编码，研究人员发现，西方家长会更频繁地讨论动画中的焦点对象，像是前景的游鱼、贝壳等。相比之下，东方家长则会更频繁地提起像是水草、气泡等背景中的事物。这样的形容方式与分析认知和整体认知之间的差异相符：西方文化更关注个体，东方文化更关注背景。

更有趣的是，当小朋友开始描述这些景物的时候，他们的表现与先前有所不同：在之前进行的预实验中，孩子们需要首先自己来描述动画片。在当时，东西方的小朋友并没有体现出太大的差异。然而，后来研究人员记录编码了小朋友在与父母的对话中的描述。这些描述，竟然体现了和成年人相当的文化差异。这个实验说明，父母单纯用言语的引导，也许就可以对儿童部署视觉注意力的方式产生影响，改变小朋友们的背景敏感度。这样的改变，也许就是艾宾浩斯错觉在童年时就能体现出文化差异的原因。

5

尽管当下很多关于文化差异的讨论，都是围绕着分析认知和整体认知之间的差异展开的。但是，这个框架绝不意味着东西方文化之间存在某种不可跨越的沟壑。

当心理学家对两个人群进行比较的时候，“差异”一词指代的都是群体层面的差异。平均来说，来自西方文化的参与者可能会表现出更多的分析认知，而来自东方文化的参与者可能表现出更多的整体认知。这样的“平均”也就意味着同样的文化差异并不能很好地在个体层面折射出来。比如，一个走在纽约第五大道上的土生土长的美国人，不见得会比正在阅读这一行字的你我拥有更多的分析认知。东方人可以比西方人拥有更多的分析认知，反之亦然。

文化差异也并不是绝对静态、非黑即白的二分法。

首先，每个文化内部都会有很多更细微的差异。近年来，一些学者提出的“自愿移居假说”（voluntary settlement hypothesis），就是为了解释为什么一个文化内部的某些群体会比其他群体表现得更具有“个人主义”或更具有“集体主义”（Kitayama，Ishii，Imada，Takemura，and Ramaswamy，2006）。这个假说是指，具有开拓新疆土等集体自发型移居历史的群体，会更容易表现出个人主义的特征。比如，美国人之所以会比欧洲人更看重个人主义，就是因为他们在历史上曾有过一个“开发疆土”的阶段。而在东方文化中，人们也发现像日本北海道的土著，也因为有自愿移居的历史，所以哪怕是身处东方集体主义的大环境中，也会像西方文化一样看重个人主义。

其次，文化本身也会随时代变迁而改变。举个中国的例子。在过去的30年里，中国的经济蓬勃发展，全球化的浪潮席卷了大江南北。学者们认为，这些社会经济上的变化，会让原本更偏向整体认知的中国人变得更加偏向分析认知，更加重视个人主义。一项2017年的研究发现，在深圳这块发展迅速的经济热土上生活的人，会比生活在别的内陆城市的人更加推崇个人主义（Feng，Ren，and Ma，2017）。当然，这并不意味着每一个深圳人都会在有关独立信念的自我评分中取得更高的分数。但是这种群体层面的差异也确确实实反映了近几十年来社会经济的变化，能对一个群体的心理特征带来改变与影响。

直白地说，现在的文化心理学，离能够在实验室中具体、精确地描述文化特征的水平，还有很长的一段路要走。

很多表现出文化差异的实验任务，可能都会让外行皱眉：凭什么说这个圈比那个圈大，或者形容动画片里面有什么，都能被上升到文化的高度？而所谓的“分析认知”和“整体认知”中的“认知”，究竟是什么意思呢？像“认知风格”这样的名词，可能也因为它的模糊，而让很多对文化有兴趣的心理学家望而却步。

心理学中的WEIRD问题，自2010年约瑟夫·亨里奇（Joseph Henrich）、史蒂文·J.海涅（Steven J. Heine）与阿拉·诺伦扎扬（Ara Norenzayan）三位科学家撰文指出后，一直促使着心理学家们审视学科的严谨性与适用性。遗憾的是，2017年进行的一项分析发现，在2014年和2017年发表在《心理科学》期刊上的所有研究文章中，有94.15%的实验参与者仍然都来自西方像北美、欧洲这些地区的发达国家（Rad, Martingano, and Ginges, 2018）。

在今天，心理学对于文化因素的重视，仍然远远不足。一门轻视文化、忽略文化的心理学，必将是不完整的心理学。如果我们想在未来真真正正、彻彻底底地了解人类心理活动的规律，忽略文化的影响就如同忽略了房间里的大象。未来所有心理学的分支都会变成跨文化心理学吗？这很难说。当下，仍然有心理学家认为，人类心理一定存在某些“本质”或者“精华”，无法因文化环境而改变。不过，心理学作为一门学科，无论未来的发展道路如何，文化的影响，注定会进入越来越多的心理学家的思考之中，敦促着他们，目光不是只投向“WEIRD”人口，而是投向全体人类身上。

第三章　天生爱语言

业余爱好是研究语言学的他，就这样影响了心理学大半个世纪

1

本杰明大学毕业的那年，第一次世界大战刚刚结束。

与刚刚经历这样一场可怕人祸、饱受战火摧残的世界相比，本杰明的生活平静顺畅。他出生于美国马萨诸塞州的一座小城，父亲是小有名气的艺术家和设计师。富足的家庭条件，让小本杰明在成长的过程中可以自由自在地探索自己的兴趣。他从小喜欢化学，很早就开始用爸爸的摄影设备进行化学实验。后来他又成功地考入著名的麻省理工学院，继续追寻他的化学梦。大学毕业后，他和那个时代的同龄人一样，很快就结婚成家，而后加入哈特福德消防保险公司，成了一名专业的防火工程师（Carroll，2006）。

他的生活，本来会像新英格兰的乡间田野一样，优渥富足却平淡无奇，很快就被人遗忘。然而，就当他即将跨入而立之年时，他突然开始“不务正业”地对语言学产生了浓厚

的兴趣。

受家庭环境熏染，本杰明从小就酷爱读书。而这一次，他的兴趣聚焦在经典希伯来语上。原本，他是想通过学习经典希伯来语来解读《圣经》文本背后隐藏的含义。但是，在他和一些学者交流的过程中，他发现这样的研究似乎很难做出什么实打实的成果。于是，他将注意力更多地集中在土著语言上。

这一次，他的兴趣一发而不可收。

工作日的白天，他仍然是消防保险公司的防火工程师。但到了晚上或周末，他就一头扎进对美国土著语言学的研究中。他在镇上的公共图书馆里如饥似渴地阅读馆藏文献，之后又开始与哈佛大学的玛雅考古学家阿尔弗雷德·托泽（Alfred Tozzer）保持信件来往，进行学术交流。再到后来，本杰明的研究逐渐获得当时学术界的认可。作为一个没有受过系统的语言学训练的业余爱好者，本杰明赢得了美国社会科学研究委员会（Social Science Research Council）赞助的研究经费，远赴墨西哥进行田野工作。之后，这个防火工程师结交了当时顶级的语言学家，在耶鲁大学（Yale University）开始了兼职学习。

他的老师，正是当年顶尖的语言学和人类学家之一——爱德华·萨丕尔（Edward Sapir）。

一百年后的今天，不会有多少人仍然记得作为防火工程师的本杰明·李·沃尔夫（Benjamin Lee Whorf）。但是，作为语言学业余爱好者的本杰明，却因他和他的老师一起提出的假说——萨丕尔－沃尔夫假说——而被今天的学者熟知。

2

萨丕尔－沃尔夫假说的原始版本，可以简明扼要地用一句话来概括：一个人说的语言，决定了这个人思考的模式。

萨丕尔曾这样诗意地写道："种类繁多的语言，简单或是复杂，都可以在任何水平的文化中找到。"而他的学生沃尔夫，则将这样的理论推向极端：他认为，我们所感所知的世界，在很大程度上由我们的语言结构决定（Whorf, 1956）。

在萨丕尔和沃尔夫师徒二人尚在世的日子里，美国的心理学主要还是由行为主义主导。正因如此，在20世纪的早期，萨丕尔－沃尔夫假说都是一个缺乏证据支持的假说。心理语言学（Psycholinguistics）作为专门研究心理状态与语言之间联系的领域，要到20世纪中后期才获得学术界主流的关注。也是到那时，心理学家才开始决定在实验室中对这一假说进行检验。

由于萨丕尔－沃尔夫假说的原始版本相当不具体，它在后来衍生出了各种"实验室版本"。做实验的心理学家们用各种各样的方式，从萨丕尔－沃尔夫假说中提炼出一个可以真正通过实验来验证的假说。著名心理学家罗杰·布朗（Roger Brown）就曾提出，一种检测萨丕尔－沃尔夫假说的方式是去找两种不同的语言，抽离出这两种语言之间的差异，然后再看看这些差异是否也体现在其他不涉及语言能力的心理状态上（Brown, 1976）。

一个经典例子就是颜色：如果两种语言表达颜色的方式不同，那么说这两种语言的人，是否也会以不同的方式感知颜色呢？

埃莉诺·罗施（Eleanor Rosch）是最早对萨丕尔－沃尔夫假说进行实验验证的心理学家之一。20 世纪 70 年代，她曾前往印度尼西亚新几内亚，对当地达尼族土著人（Dani）进行研究。

罗施选择达尼族，是因为达尼族的语言里只有两个表达颜色的词：一个词是“mili”，意思大致是“深色”；而另一个词是“mola”，意思大致是“浅色”。除此之外，达尼族的语言对于颜色不再作区分。如果萨丕尔－沃尔夫假说真的成立，那缺乏赤橙黄绿青蓝紫这些颜色词的达尼人，他们所感知的世界，是否也不如我们所感知的缤纷多彩呢？

这样的可能性让罗施设计了一个标签（label）[①] 学习实验：教达尼人一种颜色和一个随机标签之间的联系。她的实验主要基于之前关于焦点色（focal color）的研究。

所谓“焦点色”，就是指一种最能代表一类颜色的颜色。比方说，我们都能下意识地判断出来，蒂凡尼蓝可能不是最正的蓝，而薄荷绿也不是最正的绿。而我们心目中最正、最代表某种颜色的颜色，就是焦点色（Berlin and Kay，1969）。罗施认为，如果达尼人受语言影响而对颜色的感知不同的话，那他们感知到的焦点色可能也和我们不同。也许，他们甚至都不会觉得有焦点色的存在。如果事情真的是这样的话，那

---

① 标签（label）在此指无实际意义的词语。

么在学习一个语言标签和颜色之间的关联时，焦点色和非焦点色的学习难度应该是相当的。

然而，参与罗施实验的68名达尼人呈现出一个惊人的结果：他们对焦点色标签的学习，要比非焦点色标签的学习更快、更好。虽然达尼族的语言缺少细分色谱的词汇，但是他们仍然具有“焦点色”的学习优势。这似乎说明，他们感知色彩的方式并没有因语言不同而不同。罗施的发现也成了一例经典的反对萨丕尔–沃尔夫假说的证据（Rosch，1973）。

3

但罗施的研究很快就引来了不少质疑声。很多业界学者认为，罗施所用的实验范式中掺有一个不可忽视的混杂因素（confounding factor）：知觉显著性（perceputal saliency）。

如果我们想要将罗施的实验解读为代表语言差异不影响认知差异的证据，那么我们首先需要认可：学习焦点色与非焦点色之间的难度差异，确实是由人们对于这些颜色的潜在认知表征（cognitive representation）带来的。但罗施的实验并不能很好地支持这一点，她的实验并没有控制颜色与颜色之间的可分辨性。也就是说，达尼人之所以能更好、更快地学习焦点色的标签，也有可能是由于选用的焦点色就是要比非焦点色更显眼、更好分辨。

事实上，在20世纪70年代末期的研究中，实验人员发现，当控制了颜色与颜色之间的可分辨性后，参与者在多大程度上能准确记住这些颜色，确实是受语言因素所影响的。这些早期实验也为萨丕尔－沃尔夫假说掀开了新的篇章，而这一篇章的精彩内容，从 20 世纪中后叶一直写到新的世纪。

2007 年，新一代的心理学家们再次将颜色词作为测试萨丕尔－沃尔夫假说的切入点。这一次，他们选择的两种语言是俄语和英语（Winawer et al., 2007）。

与达尼语不同，这次选择的俄语中本身也具有很多颜色词。但是，它与英语颜色词中最明显的差异体现在对蓝色的形容上。在说俄语时，一个人如果想要表示蓝色，必须说明这个蓝色是浅蓝（goluboy）还是深蓝（siniy）。也就是说，俄语的蓝色自然而然地就被划分为两个类别。而英语与汉语更像，当人们想说蓝色的时候无须指明是深蓝还是浅蓝，“蓝色”本身就可以视为一个颜色类别。

这个细微的差异，为验证萨丕尔－沃尔夫假说提供了上佳的机会。既然俄语要求使用者对蓝色进行更加细微的区分，那么如果萨丕尔－沃尔夫假说成立，说俄语的人也应该拥有更好的辨别蓝色的能力。

为了测试这种可能性，心理学家们设计了一个简单的颜色辨别测试。在这项研究中，参与者会看到电脑屏幕上出现了三个彩色方块。一个方块在上面，两个在下面。这两个方块当中有一个与上面的方块颜色相同。而参与者的任务，就是尽可能快速、准确地判断出到底哪个方块与上面的方块拥有相同的颜色。对于讲英语的人来说，这三个方块的颜色都是蓝色（blue），只是在颜色深浅上有差异。但对于讲俄语的人来说，他们所看到的方块可以划分为两个不同的颜色类别：浅蓝（goluboy）和深蓝（siniy）。

就是这样一个简单的小实验，却让心理学家们再一次发现了支持萨丕尔－沃尔夫假说的证据。

说俄语者和说英语者的表现确实不同。他们发现，如果那个颜色不同的小色块的蓝色，属于俄语中不同的蓝色时，说俄语者的反应速度明显比三个色块都归于一种蓝色时更快。也就是说，如果位于下部的两个小色块中，一个是深蓝（goluboy），一个是浅蓝（siniy），那么参与者的反应会比两个都归于深蓝或浅蓝时更快。而说英语者虽然使用一样的视觉刺激进行测试，但他们在两种情况下的反应速度却没有任何不同。

更有趣的是，研究人员还发现，俄语中的跨颜色类别优势可以被一个言语干扰任务（verbal interference task）所消除。

如果实验者在实验开始前告诉这些说俄语者，他们需要记住一个随机的八位数字，被试在实验中需要不停地在脑海里默念它。那么，说俄语者和说英语者的表现就会相差无几。然而，如果干扰他们的任务不需要语言——比方说，在脑海中记住一个格子图案——那说俄语者的优势仍然会存在。这种语言任务和非语言任务之间的鲜明对比，使实验人员可以更有信心地总结道：是的，说俄语者与说英语者之间的差异，确实与语言紧密相关。

4

在今天，很少会有心理学家仍然坚守萨丕尔－沃尔夫假说的原始版本：语言结构决定认知结构。但与此同时，同样也少有心理学家会完全推翻萨丕尔－沃尔夫假说后来衍生出来的版本：语言结构影响认知结构。

颜色词之间的区别带来的影响，只是语言对人的认知能力施加影响的一个方面。心理学家还研究过对于名词是否区分可数和不可数带来的影响，语言中这样的区分同样会影响人的归类（categorization）行为。比如，曾有实验发现，说英语的被试更容易按照物体形状进行归类，而说日语这种不区分名词可数和不可数的语言的被试，则更容易按照物体的材质进行归类（Imai and Gentner，1997；Imai and Mazuka 2007）。

对于时间的理解，是心理学家有过不少研究的另外一个方面。一个经典的实验发现，以普通话为母语者和以英语为母语者在进行与时间有关的判断时，反应时长不同（Boroditsky，2001）。如果在进行判断前看到的是一个垂直阵列，那么说普通话的被试判断速度会比看到水平阵列时更快。而说英语的被试则刚好相反，看到水平阵列时反应会更快一点。这一差异的原因与语言有关：在普通话中，描述时间的词往往拥有垂直的内涵（“上个月”或“下一秒”），而在英语里，描述时间的词常常与水平方向有关（“before”或“after”）。

语言对思维的影响可谓无处不在，就连还不会说话的宝宝，也会受语言的引导而表现得有所不同。

研究者发现，只有四个月大的小婴儿在听到语言标签时，他们都会更容易归类。在这项实验里，小宝宝们在测试开始前会观看一组形态各异、五颜六色的图画恐龙。在测试正式开始时，他们会看到一条鱼和一只以前从没见过的恐龙。如果他们在之前看恐龙的时候听到了语言标签，那么在测试时，宝宝们就会更长久地注视那条鱼——说明他们已经将恐龙归为一类，而鱼则是新奇的另类生物。然而，如果他们听到的不是语言标签，而是一个简单的声音信号的话，小宝宝们就会随机盯着恐龙和鱼看，证明他们没有将之前看到的恐龙归为一类（Ferry，Hespos，and Waxman，2010）。

语言的影响在幼儿期也无处不在。在一项对早期工作记忆（working memory）的研究中，心理学家发现，当小朋友们听到一个语言标签时，他们可以利用这个标签"组块"（chunking）。也就是说，他们可以将两个单独的个体归纳在一起，形成一个有意义的更大的组合整体。过去的研究表明，小朋友们的工作记忆极为有限，他们很难同时将三个以上的物体同时维持在工作记忆中（Feigenson and Carey，2003；2005）。但是，如果小朋友们听到了语言标签，对四个物体进行两两组块，那他们就可以轻松地在工作记忆中维持四个物体了（Feigenson and Halberda，2008）。

大量的实验证据都为萨丕尔－沃尔夫假说的温和版本提供了支持：语言影响我们的思维。用世界著名认知心理学家黛德·根特纳（Dedre Gentner）的话来说："作为认知工具箱（cognitive toolkit）的语言，使我们能够进行表征和推理。而这样的表征和推理，是无法离开语言这种符号系统的。"（Gentner，2016：650）

在一定程度上，大半个世纪前那个业余语言学家提出的假说是对的。语言为我们的认知结构奠定基础，因此，不同的语言会塑造出稍有不同的认知结构，也就不是什么天方夜谭的事了。

5

沃尔夫因癌症去世的那年，才 44 岁。如果他能多在人间停留二三十年，他就能看到自己的作品在心理学、语言学、人类学，甚至政坛掀起的壮阔波澜。

1952 年，美国国务院对外服务学院（Foreign Service Institute of the State Department of United States）出版了沃尔夫的部分文章（Whorf，1952）。美国国务院的主要动机是寻找与不同文化进行交流沟通的最合适的方式。当时，沃尔夫的文章及时地提醒了美国这个正在冉冉升起的国家，语言与语言间的差异可以根深蒂固地影响认知的方方面面。

当然，对于萨丕尔 – 沃尔夫假说的兴趣，并没能让每一个该领域的学者高兴。1952 年，在芝加哥大学召开的一次学术会议的议程，就是对沃尔夫的学说再次进行严谨的审视。然而，从那次会议的记录来看，与会人员对萨丕尔 – 沃尔夫假说的地位相当悲观。语言哲学以及语言学的专家马克斯·布莱克（Max Black）对沃尔夫的理论尤为抗拒。他后来批评说，这个假说本身可以说对社会科学毫无用处（Black，1968）。

但沃尔夫也不是没有同盟。约翰·比塞尔·卡罗尔（John Bissell Carroll）是心理学中行为主义的代表人物、20 世纪极有影响力的心理学家 B.F. 斯金纳（B.F. Skinner）的得意门生。他在沃尔夫去世之后，一直是沃尔夫理论的代言人。卡罗尔自 13 岁起就认识了沃尔夫，是当时和沃尔夫的对话激发了卡罗尔对语言和心灵的兴趣（Lubinski，2004）。后来在自己的职业生涯中，卡罗尔也没有离开语言学，他的主要贡献之一就是开发了现代语言能力测试（Modern Language Aptitude Test）。而在沃尔夫不幸早逝后，卡罗尔协助编辑并出版了沃尔夫的作品选集《语言、思想和现实》（*Language*，*Thought*，*and Reality*）。他的目标就是希望能够借此更全面地介绍沃尔夫的学术理念，希望能够抵消一些对于他作品评价的负面色彩。

卡罗尔没有让沃尔夫失望。2003 年去世的卡罗尔，想必不会对今天学术界对萨丕尔 – 沃尔夫学说的浓厚兴趣感到失望。沃尔夫这个业余语言学家，终是在认知科学与心理学的历史中赢得了一席之地。

在沃尔夫短暂的一生中，他从未获得过正式的语言学学位，终其一生都是以防火工程师的身份谋生。他从来没有进入学术圈的打算。当他在耶鲁大学兼职学习时，他本来可以将所学的课程用来满足获得研究生学位的要求，但沃尔夫拒绝了这个机会。卡罗尔曾经写道，沃尔夫之所以选择做学术圈的局外人，是因为他相信“丰厚的收入和自由的时间使他能够研究自己感兴趣的问题。而这一点，在某种程度上是专职做学术的人无法做到的。”（Carroll，2006）

这个业余语言学家的故事或许有一定的警示意义：我们究竟为何而研究？一方面，我们不能否定系统学术训练的价值。没有这样的训练，人们就会缺乏必要的批判性思维能力，很容易走入歧途。但另一方面，科研的制度化也会起到反作用。当学者们一味追求自己的“影响力”、发表的论文数量，或者是申请到的基金和获得的荣誉时，可能会忽略了科学研究中真正重要的东西。

当历史翻开新的篇章时，这些数字终究会成为历史的尘埃。真正能被一代又一代人记住的，是知识本身。一个敏锐的观察，一个大胆的假说，这些才是真正的科学贡献、有意义的智慧结晶。

神奇的“嘎瓦盖问题”，小朋友才不怕呢

1

“嘎瓦盖！”突然，你听到身后有人大喊一声。

你正在一个与世隔绝的小岛上度假。今天风和日丽，你决定去大自然中散散步。正散步时，你眼角的余光看到草丛间隐隐约约藏着一个毛茸茸的小球。

定睛一看，是只兔子。

而正在此时你听到了身后“嘎瓦盖”的喊声。转身一看，是一个躲在草丛中的小岛土著。他友好地看着你，好像是想对你说点什么。

他又重复了一遍：“嘎瓦盖！”

你怀疑这可能是当地人语言中的一个词。可惜，你对那种语言一窍不通，至今还分不清“你好”和“厕所在哪儿”。

你试图从他的表情中解读他的意图，可是他洋溢的笑容并没有向你透露出更多的信息。

你环顾四周，附近没有任何建筑。绿草柔柔地扫过你的膝盖，远处林间鸟啼婉转。除了附近的小兔子，你身边只有空空荡荡的大自然。那只小兔子此刻正用它的两只脚站立着，

紧张地翻着三瓣嘴嚼着草叶。

如果只有这么一只兔子的话……“嘎瓦盖”是兔子的意思吗？

20世纪杰出的哲学家W.V.O.奎因（Willard Van Orman Quine）会斩钉截铁地告诉你：不是。

嘎瓦盖之谜，是奎因在经典之作《语词和对象》（*Word and Object*）中首先提出的（Quine，1960）。他认为，我们没有理由认定“嘎瓦盖”非指代兔子不可。这个假想中的生词有很多同样适用的翻译——比如，“打兔子”：“嘎瓦盖”这三个音节代表的可以是动作；“冲啊！去打兔子！”“嘎瓦盖”这三个音节，在小岛土著的语言里也有可能是一个完整的口号。

当然，它也有可能只和兔子有关，不过它不一定意味着完整的兔子。在我们用自己的语言谈及兔子时，“兔子”一词往往指代的是一个完整的物体。可是，在别的语言里，兔子这个物体可能会被视为尚未分离的兔子块，而“嘎瓦盖”指的是这个集合。

“嘎瓦盖”究竟是什么意思？这个问题，后来又被称作“嘎瓦盖问题”（the Gavagai Problem）。奎因用这个充满想象力的场景，诠释了孤立地理解词语的含义是件难上加难的事情。而这个问题之所以会在后来的西方哲学界获得一席之地，也是因为这个偏远岛屿上的想象情景，其实也挑战着每一个正在学习说话的小宝宝。

宝宝们面临的问题，可能比想象中度假时的你所面临的问题更加严峻。

毕竟，对于一头雾水的成年人来说，我们或许还能有办法将“嘎瓦盖”与我们所熟知的一些语言表达联系起来。我们至少可以将它翻译成我们母语中的表达，哪怕含义不完全精确，至少也能让我们明白个大概——大概和“兔子”有些关系。然而，对于正在学习第一语言的宝宝们来说，“兔子”一词本身就是另外一个“嘎瓦盖”。所有词都像“嘎瓦盖”一样令人摸不着头脑，拥有无穷种可能的解释。

宝宝们究竟是如何开始理解词语的含义的呢?

2

心理学家们很早就知道，宝宝们的词汇量并不是匀速增长的。在 16 个月到 18 个月左右，宝宝们会经历一段被称作“词汇量激增”（vocabulary spurt）的时期。顾名思义，在这段时间里，宝宝们经常会以惊人的速度掌握新的词汇。一些心理学家估测，在这段时间里，宝宝们的词汇量可以以高达平均每周 10 至 20 个新单词的速度增长（Ganger and Brent，2004）。

宝宝们是如何做到的呢?

哪怕我们不去考虑“嘎瓦盖问题”的挑战，这样的增速无疑也是成年人所比不上的。任何一个有学习一门新语言经验的人都知道，提升词汇量往往是熟练掌握新语言的最大挑战。我们日复一日地背单词、复习单词、练习新单词，最后可能还是会觉得自己边学边忘，甚至忘的速度要比学的速度更快。

可是宝宝们呢? 他们不需要与词汇书纠缠，也不用一遍遍复习单词卡片。他们好像只是懵懵懂懂地坐在大人们身边，半懂不懂地听着大人们说话，几个月以后，他们的词汇量就像变魔术一样噌噌地涨上去了。

这样神奇的学习能力让许多心理学家认为，孩子们在学生词的时候，不可能真的是单纯地坐在那儿被动地听父母说话。他们不太可能完全依赖于简单的联系学习机制（associative learning mechanism），他们对生词的学习并不完全是将听到的声音与眼前的事物联系起来。这样的学习机制虽然有用且必要，但是在小朋友们突飞猛进的词汇量面前，似乎还是有些欠缺。

不少心理学家认为，宝宝们在学习新的词语时，拥有“学习约束”（learning constraints）这件“秘密武器”。

学习约束和默认选项很像：当宝宝们接触到一个新的单词时，他们对这些单词的含义会有默认的理解。1994 年，斯坦福大学（Stanford University）心理学家埃伦·马克曼（Ellen Markman）用觅食的蜜蜂来说明这些学习约束对宝宝们的影响。蜜蜂如果想采到花蜜，那么它们就必须学会鉴别哪种颜色的花可以产蜜。一些蜜蜂的默认选择是紫色，这些蜜蜂虽然最终也可以学会其他颜色的花一样能产蜜，但是如果非让蜜蜂来选的话，它们的第一猜测会是紫色的花朵。

小朋友们在学习生词的过程中，受学习约束的影响，也有类似的“第一选项”。

整体对象假设（whole-object assumption）就是学习约束之一。当听到一个新词的时候，他们会默认这个词指代的是整个物体。在马克曼描述的一个实验里，18 个月大的宝宝坐在两个并排的屏幕前。一个屏幕上显示着一个静态的物体，而另一个屏幕上有一堆随机旋转流动的“熔岩”。心理学家早就知道，相比静止的物体，宝宝们更喜欢盯着移动的东西看。

然而，实验人员发现，当小宝宝们听到一个新奇的生词时，他们会主动地把注意力转移到静止物体上。马克曼解释说，这意味着这些处于词汇量激增期的宝宝，并不会随意地把听到的生词和环境中最显眼的事物联系起来。相反，整体对象假设这个学习约束，会使以英语为母语的宝宝们默认生词所指代的是一个完整的物体。

这样的学习约束，或许可以稍稍使奎因放心了。即使每个宝宝都需要经历“嘎瓦盖问题”的挑战，但至少他们也会用学习约束这样的秘密武器。对于生词的含义，宝宝们并不是完全没有头绪。如果听到“嘎瓦盖”的是宝宝们，那么，在学习约束的帮助下，他们对这个词的默认解读必然首先是指代完整的兔子，而不是尚未分离的兔子块。

3

然而，整体对象假设并不能解决所有问题。在有些场景下，它可能还会帮倒忙：没错，有的词语指代的是一个完整物体，然而并不是所有的词语都指代物体。

想象现在的你需要描述一个皮球。是的，你会用指代这个球本身的名词，你会说“这是皮球”。但是，你可能还想形容它的形状是圆的，形容它的触感是光滑的，形容它的质地是极有弹性的，形容它的主要功能是被人踢来踢去。

如果我们只通过整体对象假设，只知道生词应该指代一个整体对象，那这些缤纷生动的表达自然也就离我们而去了。

马克曼认为，在宝宝们的神奇锦囊中，还有另外一个法宝：互斥原则（mutual exclusivity）。互斥原则是宝宝们的另外一个默认选项：在听到一个新词时，如果他们面前有两个物体，而他们已经知道了其中一个物体的名字，那么，他们就会默认这个新词指代的是他们还不知道名字的物体。一个物体只能有一个名字，而一个名字只能对应一个物体。

为了证实这一猜想，马克曼和她的同事格温·瓦赫特尔（Gwynn Wachtel）为一群三岁的孩子设计了一个巧妙的实验（Markman and Wachtel，1988）。

在实验过程中，实验人员总是为孩子们展示一对物体。这对物体中的一个，是生活中常见的，像香蕉、杯子等，是孩子们非常熟悉、极有可能知道名字的东西。而另一个物体大多是一些奇形怪状的小工具，它们是孩子们极有可能不知道名字，就连大人也不一定能叫出名字的古怪物体。这些孩子被分成两组，其中一组的实验人员会向孩子们请求“给我一个”，而另外一组的孩子们听到的请求则是“给我一个×”——这个×是一个随机编造的生词，并没有任何含义。

马克曼和瓦赫特尔发现，当孩子们听到“给我一个×”时，他们会格外偏向给实验人员展示那个新奇的古怪物体，而这种倾向绝对不是因为那个物体本身新奇造成的。当那个随机编造的生词被省略，而孩子们听到的只是“给我一个”时，他们在一对物体间的选择其实是随机的。

这个新奇的发现绝非凑巧。在这个经典实验的成果发表之后的30多年里，众多不同实验室的不同心理学家纷纷复制了这个发现。2020年发表的一项关于互斥原则的元分析（meta-analysis）中，科学家们汇聚了过去30年的近50篇针对这个现象的研究（Lewis，Cristiano，Lake，Kwan，and Frank，2020）。这项元分析不仅证实了互斥原则的普遍性，还发现随着孩子们年龄的增长，这项原则的影响也就越突出。

毋庸置疑，这个随孩子们一同发展的互斥原则，在孩子们学习母语的征程中功不可没。互斥原则将孩子们的注意力从简单的整体对象中解放出来——如果一个整体对象只能有一个名字，那么当孩子们听到其他指向这个对象的生词时，就可以把注意力分配到其他事物上：质地、触感、形状、颜色等，形容这些特征的名词也就不在话下了。

4

但这还不是故事的全部。

转折又来了：到目前为止，这些关于生词学习的理论只关乎名词。孩子们生活中常见的名词，多数都指代的是实实在在、摸得到看得见的存在。但语言之神奇就在于它并不局限于具体存在于世界上的事物。哪怕我们不提动人心弦的虚构小说与诗歌，就算我们在日常生活的对话中，也星罗棋布着可以将无形凝聚为有形的语言元素——动词。

动词所指代的东西和名词所指代的东西不一样：动词指代的事物，总是瞬息万变、难以捕捉的。就拿简单的“跳”来说，世界上没有任何两个跳跃动作是一模一样的。我们每个人每次起跳落下的时候，身体的姿态都会有所不同。不同的人在跳的时候姿势也各不相同：同样是跳，有的人凌空一跃甚至好像就要腾飞；有的人慵懒闲散，跳起来时似乎脚都没有离开地面；有的人跳的时候挥舞双臂；有的人跳的时候身体挺得笔直。然而，不管每一个跳跃的方式看起来如何不同，学习“跳”这个词的孩子们最终都需要明白，这些动作都是“跳”。

学动词听起来比学名词更有难度，而不少心理学家也都认同这个猜想。2001 年，心理学家黛德·根特纳和莱拉·博格迪特斯基（Lera Boroditsky）曾经提出过一个与学习词汇难度息息相关的假说：“优势区分”（division of dominance）。

优势区分可以被理解成一个解释词语习得难度的连续光谱。光谱的一端，是“认识优势”（cognitive dominance）。位于这一端的词汇是专有名词和具体名词这些词，因为它们所指代的是在我们的知觉中容易被个体化（individuated）的事物：一个苹果就是一个苹果，一个完整的物体就是一个完整的物体。这些生词所指代的客体不需要我们利用太多的认知资源去将它们从视觉信号中抽离出来，也就具有了认知优势。而光谱的另一端则是“语言优势”（linguistic dominance）。位于这一端的词汇，是那些往往只在语言背景中才具有含义的词。像英语中的定冠词“the”，如果离开语句就会像鱼离了水一样失去生命力，因为它自己不具有任何意义。

在这一光谱中，动词更接近语言优势的一端。这也就意味着，相比名词的习得，动词的习得可能需要更加依赖于像语法结构这样存在于语言中的线索。

有趣的是，虽然语法结构听上去可能比单词更加抽象，但小朋友们其实对于这些结构相当敏感。事实上，在 20 世纪 90 年代就已经有实验发现，以英语为母语的两岁小朋友们就相当善于利用句子结构来解读陌生动词的意思。实验中，小朋友们听到“the bunny is gorping the duck”（大意：兔兔正在 gorping 鸭鸭）这个句子。“gorping”是实验人员杜撰出来的新词，小朋友们以前从来没有听说过它。但就是因为它嵌套在一个常表因果性动作的及物结构（transitive structure）中，小朋友们也会将“gorping”解读为兔兔正在对鸭鸭施展的动作（Naigles，1990）。

当然，对语法的敏感度并不能完全扭转动词的难学程度。心理学家早就注意到，在小朋友们最开始掌握的词汇中都以名词为主。这一现象又被称作“名词优势”（noun advantage）（Gentner，1982）。虽然心理学家曾有过不少关于名词优势普遍性的争论——比如，一些心理学家和语言学家认为普通话允许省略主语，更容易将动词放在句子中的突出位置，也就会让普通话中的动词比英语中的动词更好学——但是，这种语言与语言间的细微差异只改变了名词优势的程度，而不是彻底颠覆了它。

一项研究系统地对比了 20 个月大的学说普通话的小朋友和学说英语的小朋友。研究结果发现，在说英语的小朋友最初掌握的词汇中，名词和动词的比例为 4.6 : 1，而说普通话的小朋友的名词与动词的比例也高达 2.8 : 1。说普通话的小朋友和说英语的小朋友一样，都表现出了名词优势，这说明即使普通话的一些特点能让学习动词变得更简单，但它仍然无法扭转学习动词本身的困难（Tardif，Gelman，and

Xu，1999）。

5

“我的语言的极限意味着我的世界的极限。”当哲学家维特根斯坦在他的惊世之作《逻辑哲学论》（*Tractatus Logico-Philosophicus*）中写下这句话时，他也许并不会预料到，他的著作在之后会被视作20世纪哲学思潮新动向的奠基之作。他与很多和他同时期的分析哲学家一道，为当代哲学掀开了后来被称作“语言学转向”（linguistic turn）的崭新一页（Rorty，1967）。

这新的一页影响的不仅仅是哲学内部。对于不久前刚从哲学中独立出来的心理学来说，语言同样令人心驰神往。心理学中行为主义的代表人物B.F. 斯金纳，他的巅峰之作《言语行为》（*Verbal Behavior*）就是试图用他的行为主义的原理来揭开语言的奥秘。而掀起心理学中认知革命的乔姆斯基（Chomsky），他自己的学术背景其实更偏向传统的语言学。心理学和认知科学发展的这近一个世纪以来，语言一直是学科中最吸引人的谜团之一。

而语言习得，正是这谜团中的重要一环。

在发展心理学中，婴儿的一语习得问题仍然扑朔迷离。哪怕是听上去最简单直接的问题，如“宝宝究竟什么时候才开始掌握词的含义”，心理学家们给出的答案仍然每隔一些年都要更新换代。

近年来，更发达敏感的测量仪器将这一问题的答案不断前推，甚至有研究表明六到九个月大的婴儿就已经开始逐步明白生词的含义（Bergelson and Swingley，2012）。在这项研究中，心理学家发现，当听到父母说出“香蕉”“奶瓶”这些常见物体的名称时，这些宝宝会更多地将目光投向与这些名称相匹配的图片。而利用同样的研究范式，心理学家还发现到了十个月大时，婴儿也开始对“拥抱”“亲吻”这样抽象的动词做出相应的反应（Bergelson and Swingley，2013）。

这些眼睛注视方向的证据究竟能在多大程度上表示婴儿们的“理解能力”，目前还存在争议。但不可否认的是，这些证据初步向我们表明，在人生伊始阶段，宝宝们就不把生词当作飘浮在空气中无意义的嗡嗡声了。

这个问题只是一语习得问题的冰山一角。海平面以下，这个领域仍然有数不胜数悬而未决的问题等待我们去解答：小朋友们是如何学会语法的？又是如何理解日常生活中细枝末节处对语言使用的小技巧呢？他们如何理解委婉、讽刺或者谎言呢？这些紧密依赖语言使用的社交规则，小朋友们又是从什么时候、如何学会的呢？

还有太多的问题，是目前学界尚且不能回答的。

人们总是说，心理学的过去很长，但历史很短。有太多心理学的问题是人类自文明之初就开始思索的，而只是在近两个世纪以来才真正以科学方法去探究的。语言和语言学习问题也是如此。它作为心理学宇宙中的一颗璀璨明星，才刚走过很短的科学历史。激动人心的谜底，还在未来等待着刚刚启航的我们。

学一门语言就够难了，那些双语宝宝是怎么做到的呢？

1

巴别塔的故事可谓无人不晓。

在这个故事描绘的世界里，全人类都使用同一种语言。而语言带来的交流，很快就让全人类都团结起来，人们开始齐心协力，建造一座通天高塔，又称巴别塔。然而，人类的野心勃勃很快惹恼了上帝，上帝决定从此将人类用语言分隔开。世界上从此以后多了许多种不同的语言，而说不同语言的人，因为无法理解彼此，也就不再能一起合作。

《圣经》中的神话故事，自然不能当真。然而，如果撰写这个故事的作者步入千年后的当下世界，相信这个人一定会大跌眼镜——在全球化的大背景下，跨国跨洋的国际旅行就像到市郊游览一样普遍；有太多的人选择离开自己出生成长的环境，到异国他乡学习、生活甚至定居；而多种多样的语言已经不再是人们交流的一个障碍。

如今大多数的学者都会同意，至少有占世界总人口三分之一的人，会说一种以上的语言。双语者着实已经成为当代社会的一个重要组成部分（Wei，2000）。

鉴于语言和思维之间紧密的关系，早在20世纪中叶，心理学家就已经对双语者产生了兴趣。

在1954年发表的一篇经典论文中，苏珊·M. 欧文–特里普（Susan M. Ervin-Tripp）和查尔斯·E. 奥斯古德（Charles E. Osgood）这两位美国著名的心理学家就提出，双语者应该被大致分为两类：复合型双语者（compound bilingual）和协调型双语者（coordinate bilingual）。复合型双语者指的是那些从很小的时候就开始同时掌握两种语言的人。欧文和奥斯古德认为，这样的双语者使用同一套表征（representation）来代表两种语言。而协调型双语者，则指的是那些稍大一点时才开始流利使用第二语言的人。对于这些人来说，两种语言背后是两套不同的认知表征。

换句话说，复合型双语者就像是在电脑上装了一个强大的操作系统，可以完成很多种不同的任务。而协调型双语者就像是在电脑上同时装了两个操作系统，每个操作系统只能负责处理一部分任务。用电脑的人则可以熟练地在两种操作系统之间切换，在完成任务的范围和效率上没有什么区别。

无独有偶，这样类似的双系统、单系统的观点，在双语儿童发展的早期研究中也有所体现。不少早期的心理学家认为，双语儿童在一开始时会使用一套独有的、混杂了两种语言的表征系统来理解语言。

一项20世纪70年代末进行的研究就仔细分析对比了一

些心理学家父母记录的双语儿童的语言成长日记（Volterra and Taeschner，1978）。分析的结果让他们提出了一个三阶段理论：在成长发育的过程中，双语儿童会经历三个不同的阶段。首先是单系统阶段，双语儿童受两种语言影响，会自发形成一套独有的单独系统来同时表示两种语言。其次在第二阶段，这两种语言词汇系统逐渐分化，但小朋友们仍然会对这两套词汇使用同一套语法体系。最后直到第三个阶段，小朋友们才真真正正地在两种语言之间划出一道清晰的界限，熟练地掌握两种语言。

这个三阶段理论不仅为儿童双语研究奠定了基础，而且产生了极为广泛的社会影响。也许是受此影响，早年间，许多家长都认为让孩子同时接触两种语言是有害的——他们担心，宝宝们会“弄混”这两种语言。而哪怕之后会有所好转，没有长久的坏处，至少会给牙牙学语的小宝宝们带来不必要的挑战。因此，会有很多家长刻意去保持语言环境的“纯净”，在家里只说一种语言。而不仅是家长，就连很多专业人士也持此看法。

2

但这样的观点，在之后的数十年中被迅速扭转了。

正如社会语言学家苏珊·罗曼（Suzanne Romaine）所指出的那样，“许多包括语言治疗师在内的专业人士，都认为正常的语言混合是有害的。因此，他们很可能给家长提出不切合正常双语发展实际的建议”（Romaine，1995）。的确，越来越多的证据表明，担心在双语环境中成长的孩子会“搞混语言”可谓杞人忧天。宝宝的语言学习能力，绝对不容小视。

专攻双语发展的心理学家安尼克·德·哈奥尔（Annick De Houwer）曾用一个生动的比喻来形容在双语环境中成长的孩子:“双语孩子就像两个单语宝宝被合二为一了。”这样的说法自然有所夸张，但它确实很好地凝结了学界对于早期三阶段理论的质疑:双语宝宝们真的会弄混两种语言吗?

自三阶段理论被提出的那一天起，心理学家们就从未停止过对这一主张的批评。有人曾重新分析了这个理论当年所基于的证据，发现当年的资料并不能很好地支持“在第一阶段中，双语小朋友会把两种语言弄混”的结论（Quay，1993）。至于第二阶段，后来心理学家们收集到的资料也不能很好地与理论中的发展轨迹吻合。

汉堡大学（Universität Hamburg）的教授于尔根·迈塞尔（Jürgen Meisel）曾认真收集和分析了两个法德双语儿童的早期语言。他发现，在他们刚刚开始组词成句时，他们就已经会遵守特定语言的语法规则了。就拿法语和德语来说，这两种语言在语序上有着鲜明的区别。法语遵守相当严格的“主语—动词—宾语”语序，而德语语序的变化更为灵活，就连它是“主语—宾语—动词”语序还是“主语—动词—宾语”语序仍存争议。

而迈塞尔发现，从两岁左右开始，这些双语儿童就会按照法语和德语中特有的语序来排列法语和德语的单词。他们并不像三阶段理论中预测的那样，将同样一套语法规则同时应用在两种不同的语言上（Meisel，1989）。

在学习语言这件事上，小朋友们可不傻。

听觉系统的发育，让小宝宝们在出生之前就已经沉浸在语言环境之中。事实上，有研究表明，几天大的新生儿就已经能将自己的“母语”与其他语言区分开。研究人员录制了一段婴儿母亲所说语言的录音，并将它与其他语言的录音先后播放给小宝宝们听。他们发现，小宝宝们会在听到母语录音时，以更高的频率吸吮橡胶乳头（Moon，Cooper，and Fifer，1993）。吸吮频率的提升，说明小宝宝们更加偏好母语的录音。

但更有趣的是，2010 年进行的一项研究比较了在英语单语环境和塔加洛语—英语双语环境中出生的新生儿（Byers-Heinlein，Burns，and Werker，2010）。这组研究人员先使用了相似的实验方法，在单语环境中出生的新生儿身上复制了母语偏好。他们发现，出生在英语单语环境中的新生儿对英语的兴趣要远高于他们对于塔加洛语的兴趣。然而，出生在双语环境中的小宝宝们，却展示出了对两种语言相似的兴趣程度。而且，兴趣程度相似并不意味着小宝宝们混淆了两种语言。在之后开展的一项辨别能力实验中，这些双语小宝宝也展示了和单语小宝宝们水平相当的语言分辨能力。也就是说，这些新生儿已经能分清英语和塔加洛语了。

当然，这些证据绝不意味着婴儿真的理解他们所听到的声音就是某种语言，他们还没有真的明白这些声音信号所传达出的无穷信息。他们之所以能够辨别出两种语言来，是因为他们对于语言中的韵律学线索（prosodic cues）极为敏感。所谓韵律学线索，就是指语言中的节奏语调、抑扬顿挫。这样的线索只是语言的一小部分，但足以让新生儿在不同语言之间划清界限。双语习得的确是个复杂的过程——但是，对于能够极为敏感地觉察环境中的语音线索的小宝宝们来说，也不过是小菜一碟。

3

如今，双语环境对儿童语言发展不利的说法，已是过去的迷思。近年来，越来越多的证据表明，双语的环境不仅不会让小朋友困扰，反而能给他们带来认知功能上的优势。

在一些早期的实验中，研究人员就发现，双语儿童在一些更加具有挑战性的语法判断任务中，表现要优于同龄的单语儿童。比方说，如果任务要求小朋友们来判断一个普通的句子是否符合语法规则，那双语小朋友和单语小朋友的表现差不多。但是，如果提升一下句子难度，把任务中的句子改成是毫无意义、但完全符合语法规则的句子（如“苹果长在鼻子上”）——那双语小朋友的准确程度就要高于单语小朋友（Bialystok，1986）。这在一定程度上说明，双语小朋友可以更加灵活地将注意力集中在句子结构上，而不会被奇怪的句子内容本身所困扰。

而这样的优势，也鼓励研究者将目光投向双语者的其他认知能力上。有些领域可能与语言并非直接相关，但它们是否也会受到多一门语言的影响呢?

一个热门的研究方向是执行功能（executive function）。执行功能指的是一组主要与“控制”（control）有关的心理功能。一个比较典型的执行功能是任务转换（task-switching）。

比如，当一个人在按照一套规则执行任务时，能够多灵活地切换到不同的规则执行任务，也就体现了其任务转换功能的发达程度。另一个比较常见的是抑制功能（inhibition），即能抑制住与此时所进行的任务无关的反应，像是在学习的时候不走神，体现的就是抑制功能（Miyake et al., 2000）。

虽说这些心理功能似乎与会说两种语言这件事没有直接联系，但是已经有许多实验证据表明，双语者的执行功能较单语者更加发达。

在一项经典的研究中，一组单语者和一组双语者通通参与了一个切换—反应任务（switch-reaction task）（Prior and MacWhinney，2010）。在这个实验中，被试坐在一个屏幕前，屏幕上会出现圆形或三角形的视觉刺激。圆形和三角形的颜色也会在红色和绿色之间切换。在实验开始前，实验人员告诉他们，他们需要对这些颜色各异、形状各异的视觉刺激做出反应：按下键盘上的一个键。而按键的具体手和手指则各不相同。他们的左手和右手需要各司其职：一半的被试，需要用左手对颜色做出反应，右手对形状做出反应；而另外一半的被试，则恰好与此相反。无论他们使用左手还是右手，他们的食指要么响应红色，要么响应绿色，而中指则要么响应圆形，要么响应三角形。

在实验开始前，被试会被告知，接下来的一组试次（trial）中，他们需要根据颜色还是根据形状做出反应。举个例子，如果提示是“对颜色做出反应”，而闪现在被试眼前的是一个红色的三角形，那么他们就有可能需要用左手或右手的食指按下按键。相反，如果看到红色三角形前的提示是

“对形状做出反应”，那么他们则需要用左手或右手的中指来按下按键。

刚开始，实验十分简单。在一连串的试次中，被试只需要对颜色或形状中的一个条件做出反应。所谓熟能生巧，很多被试不用一会儿就可以熟练地掌握了。然而，真正具有挑战性的是接下来的部分。正如任务的名字“切换—反应”所暗示的，他们之后就会进入“混合阶段”。在这一阶段，同一类型的反应只会连续出现四次。也就是说，被试需要频繁地在“对颜色做出反应”和“对形状做出反应”之间切换。

很多心理学家都认为，被试做出反应的时间，是体现一个人任务转换功能强弱的良好指标。研究人员发现，在简单的连续反应阶段，双语者和单语者的表现相差无几。但是在难度较大的混合阶段，双语者的反应时间要明显短于单语者。这种差异表明，至少在这项任务中，双语者拥有比单语者更好的任务转换功能。

4

当然，任务转换只是执行功能中的一小部分。后来不少的实验证据表明，双语者在执行功能的其他方面也具有优势，像工作记忆（working memory）、抽象和符号表征技能（abstract and symbolic representation skills）以及更广泛意义上的控制注意力的能力等，双语者都较单语者更具有优势（Adesope，Lavin，Thompson，and Ungerleider，2010）。

高执行功能可谓好处多多。心理学家发现，幼儿时期执行功能的发展程度，往往能预测小朋友日后在学校里的数学成绩（Clark，Pritchard，and Woodward，2010；Bull，Espy，and Wiebe，2008）。小朋友们在一些测量执行功能中的得分，也与韦氏儿童智力量表修订版（WISC–R）具有适度的相关性（Ardila，Pineda，and Rosselli，2000）。双语环境，似乎真的能让小朋友变得更聪明。

然而，并不是所有心理学家都同意这样的观点。

2019 年，一篇发表在《自然·人类行为》（*Nature Human Behaviour*）的重磅文章，让疑云笼罩在双语者优势假说的上空（Dick et al.，2019）。在这个极大规模的实验中，研究团队一共测量收集了 4 523 名儿童执行功能的数据。在这个样本中，有 1 740 名儿童被归类于双语儿童。然而，在这样大量的样本中，研究人员并未发现双语者优势的蛛丝马迹。

早在 2015 年，也有研究人员质疑了以前发现的“双语者优势”的推广性。这些优势，究竟是真的能推广泛化到生活中去，还是仅仅局限于某些特定的实验室任务——这是很多现存的研究无法确切回答的问题。这个团队的研究人员还粗略地估算，发表在 2010 年之后的有关双语和执行功能的研究，有大约 80% 都无法被后来其他的研究者复制（Paap，Johnson，and Sawi，2015）。也就是说，不排除一种可能：以前的实验证据可能只不过是由其他偶然的因素导致的，并不能真的提供双语者优势“来自双语”的证据。

在这篇论文的最后，心理学家们总结道：“执行功能的双语者优势很有可能并不存在。哪怕这优势确实存在，它也可能仅来自双语经验的特定方面，只增强执行功能的特定成分。

而这些特定方面究竟是什么，仍是有待确定的问题。”

5

这样的发现无疑会令一些双语家庭的爸爸妈妈感到失望：原来会说双语，并不能让宝宝们更聪明。

但我们还不能急着下结论。每当我们在科学作品中遇到一个一刀切、“爆款头条”式的说法时，都需要向前几步，更细致地打量这些说法。

听上去，“科学证据表明，说双语会让宝宝更聪明”和“科学证据表明，说双语不会让宝宝更聪明”，都是简单直接，也有一定证据支撑的言论。但这样简单的言论过于简化了科学的全貌：如果我们更仔细地阅读反对双语者优势的言论，不难发现，其实科学家们是在警示我们一些研究的局限性和潜在缺陷。

确实，双语环境并不能真正改善人们的执行功能。可与此同时，另外一种可能性是，一些测量执行功能的实验有可能并不能真正测量执行功能。有不少科学家都直言不讳地表示，“执行功能”这一词，至今仍然处于缺乏精准定义的状态（Zelazo and Müller，2011）。在现阶段，这些相互矛盾的证据只能告诉我们，目前双语环境对认知功能的影响尚无定论。

双语宝宝和单语宝宝很像。就像任何一个婴儿一样，双语宝宝也需要从咿呀学语开始，从不断用嘴巴尝试各种各样的发音开始。双语宝宝也需要从说出第一个词开始，逐渐慢慢地把这些单词拼凑成句。和其他所有小朋友一样，双语宝宝也会经历一段时间的试错。他们也会遇到难以发音的字词，也会用错误的词来指代错误的东西，也会犯一些令人捧腹的错误——比如，管每一个走过的男性都叫“爸爸”。

但是，双语宝宝也面临着与单语宝宝不同的挑战。他们确实需要格外注意与他们对话的人，需要灵活地在自己知道的两种语言中切换。

已有研究表明，年仅两岁的双语宝宝，就能根据自己对于说话人语言的判断，灵活地在不同的语言中转换（Lanza，1992）。如果一个人用一种双语宝宝会说的语言和他对话，哪怕该语言是宝宝掌握得较差的语言，宝宝也会试着用那种语言来回应说话人。你说什么语言，宝宝就会试着说什么语言（Marcon and Coon，1983）。而这些在不同语言之间切换的高难度任务，是单语宝宝们不会遇到的。

巴别塔倒下后的千年，今天的人类已经不再畏惧语言形成的障碍。毫无疑问，未来世界上会出现越来越多的双语、三语甚至多语宝宝。正因如此，心理学家需要更好地了解熟练掌握多种语言带来的认知后果。这样的研究，有助于爸爸妈妈和老师们更好地理解双语宝宝们的成长历程，因材施教，让双语宝宝更好地发挥他们的潜力。

语言之源——一个颠覆了心理学的问题

1

在现今的心理学入门教科书中，行为主义常常被描述为心理学曾走过的一段弯路。如果科学史学家们为过去所有科学理论准备一场展览，那么行为主义极有可能被放在颅相学或占星术旁，放在“大错特错”展区。

1997 年，心理学家格雷戈里·金布尔（Gregory Kimble），曾经不无幽默地形容行为主义的处境：“如果你在一个词语联想测试里和心理学家提起‘行为主义’这个词，你很有可能将收获一些像‘机械化的’‘原子式的’‘还原论的’‘无关的’‘不分是非的’这样的词语。这些心理学家会认为行为主义概念狭隘，无视人类的价值观。”

的确，行为主义的远大目标——将可观察到的行为作为分析的基础，用简单的操作式条件反射来解释人类的所有学习现象，在今天看起来，这也许太过天真可笑了。我们对于人类心灵的每一步探索，似乎都带来了更多的未知领域；而每一个谜题的揭晓，总会带来更多的未解之谜。就拿语言习得来说，它只不过是学习现象的一小部分，可直到今天，人类究竟是如何学会说话、阅读以及利用语言去交流与铭记的，仍然是存在大量难题的重要领域。

但行为主义的梦想落空，并不妨碍今天的我们从历史中窥探它当年的野心。

斯金纳的《言语行为》一书，就试图通过行为主义的方法来解答语言习得之谜。尽管这本书在今天几乎被视为一场行为主义的滑铁卢、一场彻头彻尾的惨败，当年的斯金纳有充分的理由相信行为主义的力量。

在出版这本书之前，他已经向世界证明了通过简单的操作式条件反射训练，动物们可以实现复杂的任务。他训练鸽子“阅读”——在特定的视觉刺激下做出特定的行为；训练鸽子“打乒乓球”——至今网络上还流传着当年的实验视频，两只鸽子站在迷你球桌两边，用喙“击打”着在球桌上滚动的乒乓球。而在“二战”期间，这位行为主义之王曾训练鸽子驾驶导弹：他将鸽子塞进导弹，训练它们啄屏幕上的目标。如果鸽子啄在准星旁，会导致导弹倾斜并改变航向，而啄在准星上，导弹将会直接对准目标飞去（Skinner，1960）。

在强大的条件反射训练的帮助下，斯金纳甚至训练过一只鸽子能在 45 分钟内啄 1 万多次。尽管该项目最终没有投入实践，但是训练的前景无疑增强了他的信心：如果行为主义可以让鸽子驾驶导弹，那么还有什么是它不能实现的呢？

语言的习得确实是一个复杂的现象，但它到底能有多复杂呢？

2

从某种意义上说，语言的习得是行为主义最后一块尚未征服的领土。

根据心理学家加尔文·克劳斯（Calvin Claus）在 2007 年的文章，早在 1934 年，斯金纳就与英国哲学家托马斯·诺尔司·怀特海德（Thomas North Whitehead）有过一次简短的交谈。在饭桌上，这位举世闻名的哲学家挑战了斯金纳：如果一个人在环境中缺乏适当的刺激物，他如何用语言表述与这个刺激物有关的事呢？

“我就等着你用行为主义来解释——我就坐在这儿，说了一句‘没有黑蝎子掉在桌子上’。”怀特海德打趣道。

在那之后的 20 多年，斯金纳不懈地发展行为主义，以扩大行为主义所能解释的现象。他希望行为主义能有足够广泛的框架来解释动物行为，包括只有人类拥有的言语行为。最终，他的心血被凝聚在《言语行为》中。如果他的理论成立，那么这本书也许称得上行为主义皇冠上的钻石。

但是这颗钻石被乔姆斯基抢走了。

1995 年，就职于麻省理工学院语言学系的乔姆斯基在《语言》（*Language*）一刊上发表了书评。在这份洋洋洒洒长达 33 页的书评里，乔姆斯基可以说是将《言语行为》一书批判得底儿朝天。他从这本书的理论体系中最基本的概念入手，严肃地质疑了像“刺激”“反应”“强化”这些行为主义的重要概念是否真的适用于分析人类对于语言的使用。而对于斯金纳用来立论的“实验证据”，乔姆斯基则认为，它们充其量也只能反映出最“粗糙浅薄”的一面。

乔姆斯基甚至断言，任何想对语言进行深入研究的学者——无论是语言学家、心理学家还是哲学家，都需要迅速地认清这样一个现实：“圈定一个研究问题的界限极为困难。（这个界限）既不能完全无关紧要，也不能令人绝望地超出人类目前理解的范畴。”——斯金纳不幸地属于后者。他的理论不过是未经检验的假设，《言语行为》不过是在用晦涩的术语来掩饰其平凡的本质。斯金纳未能很好地认识到人类语言的复杂性，而这种无知使他对语言习得的描述过于简单。

这篇书评产生的影响，绝不仅仅局限于这本书。它也在后来被认作是认知革命的曙光。

在半个多世纪后的今天，全世界有 102 所大学和机构提供认知科学、认知心理学相关的学位。可以说，这篇文章的发表象征着心理学中认知革命的开始，也使心理学开启了新的篇章。与精神分析不同，认知科学是对心理现象的科学研究；与行为主义也不同，认知科学并不会羞于承认心理表征的存在，而是把它们当作研究的对象。

3

除掀起心理学的一场革命外，回到语言习得问题本身，乔姆斯基当年提出的“普遍语法”（universal grammar）理论，直到今天都不是一个可以被轻易忽视的立场。

简单来说，乔姆斯基认为，世界上所有的语言都共享同样一个结构基础。在一个常常被人引用的极端例子中，支持普遍语法的人会认为，假如外星人拜访地球，它们很容易就会误认为世界上的所有语言不过是一种语言的方言或变种。因为这些共享了结构的语言，实在是太相似了。而这个被所有语言共用的结构，是受我们大脑结构的限制，与生俱来就存在于我们每一个人的“出厂设置”中的。

这一观点乍一听也许有些极端。然而，根据乔姆斯基以及后来心理学家的一些观察，这样的天生基础也许真的可以成为一种可能。比如，“刺激贫乏论”（poverty of stimulu）就常常被视作普遍语法最强有力的证据（Pullum and Scholz, 2002）。它直击斯金纳行为主义对于外界刺激的重视：如果在学习语言的过程中，小朋友们根本没有足够多的刺激，那他们怎么能学会说话呢？

比方说，小朋友们在学说话的过程中，基本上只能获得正确的信号。也就是说，身边人在讲话的时候，往往说的都是语法结构正确的句子。那创意十足的小朋友们，在很少听到有语病、有错误的句子时，又是怎么知道这些句子是错的呢？更进一步说，哪怕小朋友们真的说错了什么，把“我想吃饼干”说成了“我饼干想吃”，又有哪个爸爸妈妈会在小朋友犯下错误时，专门蹲下身来耐心地纠正小朋友的语病呢？

在这样缺乏错误刺激进行对比的学习环境里，小朋友们仍然能一天天、一点点地学会说话。他们还能把从来没有听说过的句子拼凑在一起，组合成意思完全不同的新句子。这样的神奇能力，似乎在某种程度上吻合了乔姆斯基的先天论：学习语言，也许真的需要一些先天的心理基础。

这样的观点在之后也发展出许多衍生版本——究竟什么样的先天心理基础是学习语言不可或缺的呢？有的研究

着眼于生命伊始：他们发现，就连刚出生的小婴儿，都会对人类发出的语音信号格外敏感。无论是和自然界的哗哗流水声比，还是和与人声的声学特征相差无几的合成人声比，小婴儿都会准确无误地将注意力集中在人声上（Shultz and Vouloumanos，2010；Vouloumanos and Werker，2007）。有学者认为，这样的先天基础，能让小婴儿更好地捕捉到环境中的语音信号，也因此为语言的习得打下了扎实的地基。

还有的研究则关注年龄更大一点的小朋友，去研究他们如何学会语言中更复杂的部分——动词。比如，小朋友听到“小明吃蛋糕”这句话时，不仅要明白“小明”指代的是一个场景里的人物，“蛋糕”是场景中的一个重要物体，更要明白“吃”指代的是这个人物施加于这个物体上的一个动作。可是动作与人物和物体不一样：动作一瞬即逝、千变万化，每个人每一次的“吃”都可能有所不同。对“吃”的含义一无所知的小朋友，是如何最终成功地将这个动词与这个动作联系在一起的呢？有的学者认，句法启动（syntactic bootstrapping）机制在动词习得的过程中不可或缺。所谓句法启动就是指，如果小朋友已经知道“小明”和“蛋糕”的意思，那么根据这个句子的语法结构，小朋友就可以推测出“吃”这个陌生的词指代的是小明施加于蛋糕的动作（Naigles，1990）。

不用说，无论是从最基本的语音分辨开始，还是到后来更复杂抽象的语法习得，这些先天偏好都呼应了乔姆斯基对于语言习得的先天基础的判断。尽管学界并没有对这些问题彻底达成一致，但毋庸置疑的是，乔姆斯基的理论着实在学术界产生了长远的影响。

4

正如谚语所说，“历史是由获胜者撰写的”。

如果我们不去考虑行为主义与认知科学真正做出的科学贡献，而是单纯地考虑它们如今在学术界内外的受欢迎程度，那么认知科学确实赢了，而它所撰写的历史，也自然忽略了行为主义一侧的故事。

斯金纳活到86岁。在20世纪后半叶，他其实一直都在学术界保持活跃。他当然知道乔姆斯基的书评。事实上，他也许比大部分人读得都早：乔姆斯基在文章发表之前专门寄了一份草稿给他。当时，乔姆斯基不过是一个年纪轻轻、没什么名气的语言学学者，斯金纳大概略读了手稿就放到了一旁。后来他回忆道，他当时觉得乔姆斯基那种想要引起争论的语气令他十分不悦。而且，他认为乔姆斯基完全错读了他在书中的观点，他甚至都不觉得有写回信的必要。

然而，他的确为所谓的“认知革命”所困扰。他撰写多篇文章来抨击认知科学的核心纲领。1977年，他退休后所写的一篇文章标题直截了当：“为什么我不是认知心理学家？”而另一篇在他去世前三年写的文章中，他仿写了法国小说家埃米尔·佐拉写给法国总统菲利斯·弗尔的公开信《我控诉》，由一长串以“我控诉”开头的排比段结尾。

“我控诉认知科学家，”他在每个段落的开头都直接抨击了认知科学，“滥用了存储的隐喻。大脑不是百科全书、图书馆或博物馆。人们因经验而改变，经验不会将其副本存储为心理表征或规则。”在清单的最后，他不无悲壮地号召学界：

“让我们把行为主义从魔鬼岛带回来——它因从未犯过的罪行被带到了那里。让心理学再次成为行为科学。”

遗憾的是，这一份控诉没有得到广泛的传播。但值得指出的是，这些控诉绝不是无关紧要的抱怨，它们在今天仍然适用。

例如，斯金纳指责认知科学“放松了定义和逻辑思维的标准”。

认知心理学家认为人们有心理表征，但是心理表征究竟是什么呢？如果我们通过表征来感知世界，那么我们如何感知表征呢？我们是否要通过心理表征的表征来感知表征呢？然后——表征的表征，表征的表征的表征，我们似乎面临着一个无底洞。另外，心理表征的概念可以追溯到亚里士多德时期，但是就像哲学中的所有主题一样，关于它的争论从未停息。当代的心灵哲学家仍然在许多关于心理表征本质的问题上存在分歧，甚至它是否存在仍然是一个悬而未决的问题。

如果转向蓬勃发展的认知科学或其他相关的领域，你会发现自己身处“表象”的海洋。以神经科学为例，如果你在期刊《神经科学》（*Journal of Neuroscience*）的搜索框中键入关键词“表征”，瞬间会得到 12 276 个结果。从“皮质表征”到“神经表征”，从“平衡振荡的表征”到“两体形状的表征”——这些术语使人不禁要问，它们到底是什么意思？这样的“表征”和那样的“表征”究竟有什么共同点，能让研究人员将它们统统纳入心灵表征的麾下？

认知科学领域的研究文章很少花时间去厘清术语的定义，而对于表征这样被其视为学科根基的词语，它的定义理应是人人皆知的。然而人人所知的，又究竟是什么呢？这些问题对于认知科学的意义重大，斯金纳提出的这些问题，毫无疑问是十分重要的。

5

在斯金纳的学术生涯中，他影响了许多人，指导了许多人。在这位与认知科学为敌的学者去世之后，他的研究，他的学生的研究，仍影响着心理学发展的方方面面。尤其是在语言的习得方面，这个困扰了斯金纳大半生的问题，也不断地在他学生的科研生涯中有所体现。

其中一位较有成就的学生是动物认知方面的专家赫伯特·泰瑞斯（Herbert Terrace）。在他主导的一个研究项目中，他在普通的居家环境中养了一只名为尼姆·猩姆斯基（Nim Chimpskey）的黑猩猩。这项研究的目的是教会尼姆按照语法规则使用手语。一旦成功，那么这就将驳斥乔姆斯基关于语法是人类所独有的理论。遗憾的是，这只大猩猩活到 27 岁，始终未能展示出与人类相当的语法能力。

斯金纳另一位有影响力的学生是威廉·凯伊·埃斯蒂斯（William Kaye Estes）。1950 年，他发展了刺激抽样理论（stimulus sampling theory）。古典行为主义将学习描述为一种特定刺激与一种特定反应之间的联系，但是在刺激抽样理论中，学习被视为一种连续现象，而特定刺激与其响应配对所出现的概率各不相同。这样的差别为简单的刺激—反应理论带来了更大的灵活度。

与泰瑞斯失败的尝试不同，这种对学习现象的统计描述在 20 世纪 90 年代后期得到复兴。研究人员发现，幼儿对语音流中音节呈现的统计规律性很敏感。不足周岁的婴儿都能够利用语音中呈现的一些统计概率对单词进行切分学习。比如，如果一个婴儿经常听到“漂亮宝贝”这个词组，那么婴儿是怎么知道“漂亮”是一个词，“宝贝”是另一个词的呢？在统计学习的理论中，由于“漂亮”是一个词，“漂”和“亮”经常出现的概率、“宝”和“贝”一起出现的概率，要远远高于“亮”和“宝”一起出现的概率。久而久之，婴儿就知道“漂亮”和“宝贝”是两个词。统计学习，这一行为主义的旧爱，目前也被越来越多的人视为语言习得机制的一种可能。

也许，这样强大的语言习得机制，完全可以解决“刺激贫乏论”带来的挑战。

行为主义也许并不只是一段弯路。斯金纳对认知科学的攻击，不应被视为一位固执己见的老人的空洞抱怨。当人们质疑认知科学是否已成为新的颅相学时，也许重新审视一些旧的批评是明智的。科学不是一天铸就的，谁会在心理学的发展史上笑到最后，我们现在还不得而知。就像其他自然科学曲折的发展史一样，心理学同样会经历沧海桑田，来回变化。认知科学和行为主义，最终谁会留下，谁会离开？答案，也许仍在未来。

人类语言从何而来？

1

“所有的物种都是独一无二的，但人类是最独一无二的。”

人类很难拒绝这句来自著名遗传学家西奥多西·多布赞斯基（Theodosius Dobzhansky）的名言。作为这个物种中的一员，这句名言几乎就像一句恭维。

这样的恭维并非空穴来风：环视我们的四周，我们人类是唯一把我们的成员既送上太空，又送入深海的物种。我们也是唯一阅读文学、欣赏音乐，会在艺术馆里度过一整个下午的物种。的确很难有某一个物种可以在这颗星球上与我们比肩。

——嘿，但这有点作弊不是吗？你可能会这么想。

人类夸自己是最独一无二的物种，这几乎就像那个经典的笑话：“‘大脑是人体里最聪明的器官。’大脑这么想道。”这一点儿都不公平。你不能既当裁判，又当参与者。这样的引言，更像是人类的自卖自夸。没错，虽然其他动物没有上天下海的本领，但它们也许有很多神奇的本领，是人类既没有理解，也无法想象的。

不过，虽说其他动物的能力不可小视，但有一个不容忽视的事实是，人类确实拥有一些其他动物无法比肩的认知能力。

最突出的一个例子就是语言：在所有已知的动物交流系统中，没有任何一种动物的交流方式拥有和人类语言相差无几的特征。

早在20世纪60年代，语言人类学家查尔斯·弗朗西斯·霍克特（Charles Francis Hockett）就提出了一系列刻画人类语言的“设计特征”（design features）。

在这些设计特征中，有一些是人类语言与其他动物的交流方式共有的。比如，人类语言和许多动物一样，都使用了“发声—听觉通道”（vocal-auditory channel）。小鸟的啾啾声和人类的说话声，都是利用发声—听觉通道进行交流的例子。而另外一个同样出现在其他物种的交流系统上的特征是位移性（displacement）。人类的语言具有位移性，是因为我们的语言并不局限于描述近在眼前的事物。我们可以谈起远方，说起过去，甚至可以聊一聊不存在的事物。这样的特点在蜜蜂的交流系统中也有所体现。动物行为学家发现，它们彼此用来交流的“蜜蜂舞”，可以将关于远方蜜源的信息一五一十地传达给自己的伙伴（Gould，1975）。

但是，霍克特也指出，人类的语言还有一些重要的特征，没有在任何其他动物的交流系统中发现。

其中一个重要的特征是人类语言的多产性（productivity）：我们既可以创造，也可以理解一个崭新的句子。在这一秒之前，你的一生中从来没有一字不差地读到过这句话——“本书作者从小到大只吃波力海苔”，但你并不会觉得这句话无法理解。你可能会觉得这句话荒诞，但你仍然可以提炼出它的大意：这本书的作者，在成长的过程中，只吃一种叫波力海苔的食物。而在读到这句话之后，你又可以瞬间创造出另外一个全新的句子——“我听说，本书作者从小到大只吃波力海苔”。

人类语言拥有可以产生无穷个新句子的能力，为人类的交流系统带来了独一无二的灵活性。如果说这样的灵活性是一颗火种，那么人类语言另一个独有的特点——文化传播性（cultural transmission），则是切实点燃了人类创造力的火炬。

与其他动物的交流系统不同，人类的语言并不是编码在我们基因里的一套程序。它可以通过口头相授，代代相传。这样一来，一代人的创新可以被语言记录下来，再传递给下一代人。下一代人无须“重新发明轮子”，而是可以在前人的基础上创新，继续向前发展。这样的积淀，也许可以解释为什么人类可以建立千年文明，成为多布赞斯基口中“最独一无二”的物种。

然而，这样的理论仍然留下了一个未解之谜：如果我们相信，语言是让人类变得如此独特的原因之一，那么，为什么在地球上所有的生物中，恰好是我们人类拥有了语言能力？为什么是我们呢？

2

科学家对人类语言起源的兴趣由来已久。

19 世纪下半叶，当查尔斯·罗伯特·达尔文（Charles Robert Darwin）提出他颠覆当时学界的进化论时，“语言是如何进化而来”这一问题，就已经在学界掀起了不小的波澜，许多学者投入了大量的精力提出猜想，以尝试回答这个问题。物极必反，过多没有证据的猜想导致著名的巴黎语言学会（Societe de Linguistique de Paris）对语言之源的问题下了禁令：严禁学会成员对这一问题进行讨论。也正因如此，在之后的一个多世纪里，对这一问题的探索近乎停滞（Christiansen，2014）。

平心而论，我们不能责怪当时太过热情的语言学家们。进化论的提出，离不开达尔文对化石记录的研究（Allmon，2016）。但是语言本身无法石化，而那些与制造语言有关的器官，像我们的肺、声带、嘴等，都是很难在漫长的地质年代里保存下来的软组织，更不要提大脑和我们的神经系统。尽管有零星的古人类、猿类头骨得以保存，但大脑极难保存。直到 2019 年，古生物学家才第一次发掘出神经系统的化石记录。可是，它来自一种古老的节肢动物的神经系统，与我们的亲缘关系实在太过遥远，无法为人类大脑的早年历史带来很多有用的信息（Ortega-Hernández，Lerosey-Aubril，and Pates，2019）。寻找语言之源的化石证据，这条路几乎是条死胡同。

不过，这并不代表语言之谜无从解起。一些灵长类动物学家决定从我们的近亲身上寻找答案。近些年的 DNA 测序研究表明，我们与黑猩猩和倭黑猩猩共享了大约 99% 的遗传基因（Mikkelsen et al.，2005；Prüfer et al.，2012），而与大猩猩分享了约 98% 的遗传基因（Scally et al.，2012）。在这样相似的基因组成下，它们都没有发展出可与人类相媲美的语言能力。这样的反差颇为耐人寻味：究竟是什么造成了这样的差异呢？

一开始，有的灵长类动物学家不甘心。他们觉得，这些猩猩不会说话，也许只是因为它们没有得到合适的机会。在20世纪初，曾有不少学者试图教猩猩们说话。一些极有献身精神的灵长类动物学家甚至将黑猩猩“视为己出”，像带孩子一样把它们带大。1951年，来自耶克斯灵长类生物学实验室（Yerkes Laboratories of Primate Biology）的两位研究者基思·海斯（Keith Hayes）和凯瑟琳·海斯（Catherine Hayes）夫妇，一同收养了一只刚刚出生一天的小黑猩猩“维吉”（Viki）。维吉就像一个人类婴儿一样，在一个温馨的家庭环境中茁壮成长。而海斯夫妇更是倾尽全力教维吉说话。维吉的发音有问题，他们就给它请了语言治疗师。

然而，维吉最终也没能克服它的发声困难（Hayes and Hayes，1951）。后来，在对猩猩进行语言训练时，灵长学家多次尝试教它们手语，或者教它们使用一个特殊键盘，让猩猩们可以通过按键盘上的符号来进行表意。虽然这些替代性的训练方法取得了不少成果，但即使是在这样刻意、精心的训练之后，猩猩们对语言的掌握程度仍然是有限的（Rumbaugh and Beran，2006）。这与人类婴儿自然、毫不费力的语言习得的过程，自然无法相提并论。

3

我们与近亲之间的鲜明差距究竟意味着什么，至今学界仍众说纷纭。

一些学者认为，这意味着进化赋予了我们一种特殊的“秘密武器”：一种特别针对语言的认知机制。而这样特别的机制可能来自人类进化史上的一次基因突变。

在21世纪伊始，科学家们发现，人类的语言能力可能与一个名为FOXP2的基因紧密相关。如果一个人在这个基因上发生了突变，那他就会单独在言语能力上受到极大的影响（Lai et al.，2001）。这个基因与语言之间的特别联系，使一些学者推测FOXP2可能是那把为人类打开语言大门的钥匙。但这种观点并非没有问题：在单个基因和语言这种极复杂的认知能力之间建立因果联系，实在是忽略了基因表达的复杂性。FOXP2基因绝不是一个简单的“语言开关”——一按，我们就成了会说会写的生物。

而另外一些学者认为，如果想要理解这样的差异，我们需要将目光放远：不仅仅关注语言本身，而是将语言视为以人际交流为目的的“认知包”（cognition package）（Tomasello，2008：150）。也就是说，将语言能力视作一些认知功能的集合，而这个集合的目的，是促进人类之间的交流。这种观点认为，我们没有必要假设人类拥有某种为语言特别存在的“秘密武器”。人类与其他动物在交流系统上的差异，可以追溯到更广泛的认知领域上的差异。

比如，人类和黑猩猩在合作行为上有很大的不同，而语言交流恰恰离不开合作。一个人如果想要用语言交流，就必须与另外一个人“合作”。在一段对话中，说者和听者都需要理解对话的主题。哪怕是吵架，两人也需要都明白吵的内容、两人的矛盾点是什么。也就是说，愿意合作，是拥有语言的前提条件之一。

和我们的近亲黑猩猩比起来，人在很小的时候就具有很高的合作热情。

马克斯·普朗克研究所（Max Planck Institute）的一组研究人员曾开展过一项研究，系统地对比了一岁半的人类小朋友和黑猩猩在合作行为意愿上的差异（Warneken, Chen, and Tomasello, 2006）。他们设计了一套小朋友和黑猩猩都能玩的简单游戏，其中一个游戏需要两个玩家一起合作。在这个游戏里，一个玩家会从一根管子的一头滑下一个木块，而另一个玩家则需要在管子的另一头用小罐接住木块。

研究人员发现，人类小朋友对这个游戏乐此不疲，可黑猩猩们玩起来却有一搭没一搭的。这并不是因为黑猩猩不喜欢人类设计的游戏，对于其他不涉及合作的解谜类游戏，黑猩猩们也玩得不亦乐乎。他们只是对于这个合作类的游戏不感兴趣。按照研究人员的解读，这样的差异意味着黑猩猩们会想办法达到自己的目的，但很难将相同的热情投入实现和别人的共同目标中。

这样对合作的“态度”差异，也许是人类拥有语言系统而黑猩猩没有的原因之一。

4

不过，这个实验并不能说明我们和黑猩猩在合作行为上真的有无法跨越的鸿沟。我们和灵长类动物，以及很多其他物种之间的能力差异，往往并不是非有即无的。在很多情况下，认知能力上的差异往往是“有多少”的量的区别。

就拿合作行为来说，进行合作的前提条件是可以进行联合注意（joint attention），即可以和别人一起分享注意力集中的焦点。联合注意往往是通过目光方向或手的指点来实现的。比如，如果有人不停地盯着一个地方看，或者用手指向某个地方，我们往往会情不自禁地将目光投向那个地方。而这样的能力，在9个月前的小宝宝们身上就有所发现（Butterworth，2001）。更有趣的是，这样对合作行为至关重要的能力，并不是人类独有的。许多经验证据表明，像黑猩猩、红毛猩猩、狗这些动物，都拥有进行联合注意的能力（Itakura，2004）。

在其他物种中观察到联合注意的现象，为语言之源的问题带来了新的谜团。一直以来，联合注意的能力都被认为是宝宝们学习语言的得力助手。在20世纪80年代末，就有一项经典研究发现，当妈妈和宝宝的注意力共同集中在一个物体上时，妈妈会给宝宝提供更多的语言输入（Tomasello and Farrar，1986）。后来的一项长期跟踪研究也发现，宝宝们在12个月左右时在多大程度上能追踪他人的目光、顺着别人的目光方向看去，与他们一年之后的语言发展紧密相关（Markus，Mundy，Morales，Delgado，and Yale，2000）。

如果联合注意真的对于语言学习这么重要，那为什么其他能进行联合注意的动物没能拥有像人类一样的语言呢?

这个问题可以从两方面来看待。一方面，这意味着共同注意不是拥有语言的充分条件。换句话说，联合注意的能力不保证语言的出现。甚至，一些持怀疑态度的人还会质疑，联合注意是不是语言出现的必要条件：也许联合注意与语言学习之间的联系，是由某种潜藏的第三种因素所主导的。联合注意与语言学习之间的关系只是一种表面上的巧合。这样的立场，很有可能就会把我们推回“人类拥有学习语言的特殊秘密武器”这样的观点上——这第三种因素，是否就是专门为学习语言而存在的特殊学习机制呢？

但还有另外一种看待这个问题的方式：也许，这恰好应和了达尔文的断言：“人类和高等哺乳动物之间在精神能力上没有根本的区别。”我们的认知能力只是这些高等哺乳动物的认知能力的某种延伸。

在这种观点下，语言在动物王国中可能并没有我们自己以为的那么独一无二。语言这个“认知包”，更像是一个有很多奇妙植物的花园。这个认知包里包含的认知能力，像共同注意等，就是这个花园里的植物。人类的花园，可能只是碰巧拥有一些特定的植物罢了。而其他动物的花园，也有它们独一无二的争奇斗艳、姹紫嫣红。

5

心理学家莫滕·克里斯蒂安森（Morten Christiansen）和西蒙·柯比（Simon Kirby）曾指出，如果想要真正理解语言之源，我们必须同时关注横跨三个不同时间尺度上的问题（Christiansen and Kirby，2003）。

在最小的时间跨度上，我们需要理解语言在一个人一生中的发展与进化。也就是说，我们需要首先理解在个体生命尺度上，一个人是如何一步一步成为熟练的语言使用者的。

在更大的时间跨度上，我们需要理解语言在文化传承中的发展与进化。我们今天所用的语言，与几百年前祖先所用的语言，显然存在着巨大的差异。而这之间究竟发生了什么，又为什么发生，都是悬而未决的谜题。

最后，在最大的时间跨度上，我们需要关注人类漫长的进化史，以确定语言究竟是在什么节点、以什么样的方式初生萌芽。

这三个方面相互交织、相互影响，各自构成了揭秘语言起源的独特窗口。

如果想给这些问题一个令人心满意足的答复，学科和学科之间的交流互动必不可少。科学家已经逐渐意识到，语言从何而来的问题，并非某一学科的单打独斗可以解决的。用克里斯蒂安森和柯比的话来说："我们必须了解我们的大脑是如何工作的；语言的结构是什么，这些结构又有什么用途；早期语言和现代语言之间，以及与其他交流系统之间有什么不同；类人猿的生物学在哪些方面发生了变化；我们是如何在长大成人的过程中获得了语言的；学习语言、文化传承和生物进化这三个方面，是如何相互影响的。"（Christiansen and Kirby, 2003：300）。

我们需要神经科学家对于大脑的理解，需要语言学家对于语言结构的剖析，需要心理学家对于语言习得的探索。更重要的是，我们需要这些来自不同领域的知识相互交融、彼此促进，我们需要真正的跨学科合作，才能一步步地向"语言从何而来"的答案靠近。是人类出类拔萃的合作性，让我们在上万年的演化史上脱颖而出。而它，也将是那把最终打开谜底大门的钥匙。

第四章　重新审视天生

小宝宝这么聪明，大宝宝怎么这么“傻”呢？

1

在生活中，小宝宝们目不识丁，听都听不太懂大人的话；他们不会自己穿衣，不会自己吃饭。在生命中的最初几个月，他们甚至都不能自己动弹一下。他们是那么可爱，却也那么笨拙与无知。

然而，好像不少发展心理学家都不这么认为。

在《三个月大的孩子在社会评价中表现出了消极性偏差》一文中，心理学家声称：“即使是三个月大的婴儿，也会根据别人对第三方人士的社会行为而进行评价。”也就是说，小朋友可以根据他看到一个人对别人的好坏而对他们形成评价。

在《八个月大的婴儿的直觉统计》一文中，科学家们发现，“给定样本（sample），婴儿就能够对样本来源的总量（population）进行推断”。样本和总量，都是统计学里的概念。

在《理解注意力：十二个月和十八个月的婴儿知道什么事物对他人来说是新的》一文中，心理学家们写道：“一岁的婴儿能真正地理解他人是拥有意向性（intentional）和注意力（attentional）的主体（agent）。”这一长串的晦涩名词，也许让很多大人都摸不到头脑。

这些期刊文章的标题和来自摘录中的语句，自然只是发展心理学的冰山一角（Hamlin，Wynn，and Bloom，2010；Tomasello and Haberl，2003）。如果说，发展心理学家是最有可能了解小宝宝的小脑瓜里在想什么的人，那他们的发现似乎说明：人类犯了一个大错。

也许，在历史上很长的一段时间里，我们都大大低估了婴儿的认知能力。在他们的无知与笨拙的表象之下，掩藏着他们过人的聪慧。

但是，对于很多父母，或者任何一个在生活中和孩子们密切接触过的人来说，这些证据可能很难让人信服：他们真的那么聪明吗？如果他们真有那么聪明，也许他们就不会在公共场合里大吵大闹；如果他们真有那么聪明，也许他们就不会因为拿不到自己喜欢的玩具而随意发火；如果他们真有那么聪明，也许他们就不会让太多爸爸妈妈留下“心理阴影”。到两岁左右，大宝宝们难以捉摸的情绪、不可预测的行为，让很多家长十分无奈，人们甚至专门发明了一个词语——“可怕的两岁”（The Terrible Two），来指代这一阶段的大宝宝们。

这样的反差，无疑给人们带来了这样一个谜题：如果小宝宝们那么聪明，那么为什么大宝宝们这么不懂事，甚至看上去有点“傻”呢？

2

雷切尔·基恩（Rachel Keen）是弗吉尼亚大学（University of Virginia）心理学系的名誉教授。2003年，她曾在《心理科学的当前方向》（*Current Directions in Psychological Science*）上发表过一篇短评文章，直击发展心理学中一些看起来有些"矛盾"的发现。在标题里，基恩就幽默地直击重点："为什么婴儿看起来那么聪明，而幼儿看起来那么笨？"

基恩聚焦发展心理学中一个很重要的研究领域：小朋友对"物理规律"的理解。乍一听，物理规律既抽象又复杂。但是，在我们的日常生活中，有很多这样的规律都是我们理解这个世界的"默认设置"。比如，我们知道两个物体不能占用同一个空间。一个固体在运动的过程中，不能直接穿另外一个固体而过。这样的原理，又被称作物体的"固态性"（solidity）。

那么，小宝宝们懂得这些基本原理吗？为了研究这个问题，心理学家伊丽莎白·斯贝吉（Elizabeth Spelke）和她的同事们一起设计了一个巧妙的实验（Spelke，Breinlinger，Macomber，and Jacobson，1992）。在实验中，小宝宝们面前竖着一个遮掩视线的屏幕，屏幕的最右端是一道没被完全遮掩、冒了个头的墙。在一开始，宝宝们会观看一系列小球滚动的事件：小球从屏幕左边出现，骨碌碌地沿着轨道滚到屏幕后方去。而当遮掩视线的屏幕被缓缓升起之后，小宝宝们会发现，小球现在已经滚到了最右端，静静地停靠在右端的墙边。

这样的事情没有什么奇怪的。但在之后，实验人员的操作就对判断婴儿是否能理解“固态性”有着重要的意义了：他们在屏幕后方的轨道上又放了一面墙。现在，小宝宝们会看到屏幕后方有两道没被完全遮掩的墙头。在这样的情况下，小球再一次骨碌碌地从左滚到右。

熟悉固态性的成年人自然知道，在轨道中间的墙会阻碍小球的滚动。如果屏幕升起之后，小球应该停靠在中间的墙边。而斯贝吉发现，三个月大的婴儿似乎也有这样的意识：在屏幕升起之后，婴儿会看到两种可能的场景：一种场景中，小球静静地停靠在中间的墙边。而另一种场景中，小球神奇地“穿墙而过”，再一次停靠在最右端的墙边。通过测量婴儿们的注视时长，斯贝吉发现，这些三个月大的小宝宝会更长久地注视着这种神奇的“穿墙而过”的场景，就像是因为这样的场景不符合他们对于固态性的理解一样。

为了更好地排除简单的感官因素，在这个实验中，斯贝吉和同事还招募了一组婴儿作为对照组。对照组的婴儿同样看到了屏幕、墙和小球。但是在这一组，小球位置的变化都是由实验者的举起、放下带来的。也就是说，这一次停靠在最右端墙边的小球，在运动的过程中没有违背固态性。而在这样的条件下，三个月大的小宝宝们对于两种场景的注视时长相差无几。这个结果进一步说明，在实验组中的注视时间之差，与婴儿对于固态性的理解有关。

3

按照常识，如果连三个月大的小宝宝都能办到的事，那么这件事对更成熟的大宝宝们来说应该是小菜一碟。像“发展”“成长”这样的词，背后似乎都有着这样的含义——随着小朋友年龄的增长，他们应该更聪明、更灵敏、更强壮，在各方面都变得更好。换句话说，如果我们让年龄大一点的小宝宝也观摩这样的小球滚动实验，他们应该能做得更好。

但心理学家发现，事情好像没有这么简单。

根据同样的实验原理，另外一组研究人员为两岁的小朋友们也准备了一个类似的任务。(Berthier, DeBlois, Poirier, Novak, and Clifton, 2000)。在这个更“高级”的任务版本中，这些大宝宝看到的仍然是小球在滚动到屏幕后被墙挡住的事件。不过，稍有不同的是，这些年龄更大的宝宝并非只是单纯地观看小球运动的画面，被动地等着他们的注视时长被记录下来。相反，他们需要做的事情更主动：在小球运动结束后，他们去寻找屏幕背后的球——在这个任务中，屏幕上从左到右设置了四扇“小门”。而孩子们需要打开小球所停之处前的门，准确地找到小球的藏身之处。

按道理，这项任务听起来没什么困难。理解小球运动原理的大宝宝们，应该能够准确地判断出小球究竟会停在哪扇门的背后。可是，就是这样简单的任务，难倒了一批大宝宝。在参加实验的16个两岁孩子里，他们会打开哪扇门完全是随机的，几乎就像是在“瞎猜”。

更耐人寻味的是，哪怕把不透明的屏幕换成透明的屏幕，让这些大宝宝可以亲眼看见小球骨碌碌地滚到门后，大宝宝们的表现还是欠佳。在20个参加这组实验的孩子中，只有

6 个孩子答对的可能性胜过随机概率（Butler，Berthier，and Clifton，2002）。

在另外一组实验里，实验人员甚至取消了屏幕这样的设置。在确定小朋友看到球停在墙边之后，才会有一道带有四个门的屏幕缓缓降下。可是，就算在这种情况下让小朋友去找，在 18 个两岁宝宝里，只有 2 个孩子的表现优于随机概率（Mash，Keen，and Berthier，2003）。

这样的发现，与三个月大的宝宝们的“早慧”形成了鲜明对比。这样的反差并非固态性这个研究方向的个别现象。再举个例子，社会认知中的错误信念（false belief）能力，同样拥有这样悖论般的发现。错误信念指的是理解他人能够拥有与实际情况不符的信念的能力，即能理解别人所思所想可以与事实不同。一方面，有研究表明，似乎十个月大的宝宝们就能理解他人拥有错误信念（Luo，2011）。另一方面，经典的实验却指出，就连三岁大的小朋友，都很难认为他人的信念可以与实际情况不符（Perner，Leekam，and Wimmer，1987）。

像这样一反常识的观察，很难不让人感到困惑。正如基恩所问：“为什么婴儿看起来那么聪明，而幼儿看起来那么笨？”那么，究竟是什么样的原因，才造成了这种令人费解的差异呢？

4

基恩认为，心理学家设计的实验任务之间的不同，可能是这种差异的成因之一。

不难想象，小宝宝们绝非最配合心理学家的实验参与者。

他们没法填问卷，也不听你的指令——有些时候，他们不听是因为他们听不懂；还有些时候，哪怕他们能听懂，他们也可能受限于有限的控制能力，无法按照指令去做。这样“难伺候”的实验参与者，自然给心理学家带来了很大的挑战。他们不得不去想千奇百怪的测试方法，以更好地从小宝宝们身上获得一些优质的数据。

正因如此，很多涉及婴儿的行为实验里，眼动和注视时长是获得青睐的测量方法之一。

但到了幼儿期，情况就有所不同了。大宝宝们能站能走、能指能说。他们的活蹦乱跳，也为研究人员设计实验和收集数据提供了更多机会。在大宝宝们参与的实验中，实验涉及的测量方法可以是用手指、用手抓、回答问题或者用玩具来进行某些动作，等等。换句话说，大宝宝们能做到的更多事情，也为测试大宝宝们的方法论打开了更广阔的空间。就像同样是关注婴幼儿对固态性的理解，大宝宝们就需要主动去“搜寻”，而小宝宝们只用坐着看就可以了。

而这种实验任务上的变化，就有可能对大宝宝们的表现带来一定影响。尽管对于成年人来说，伸手去拿某物和将目光投向某处，听起来都是很容易的任务。但对于还在成长发育中的宝宝们来说，事情可能就不是这样了。

在固态性实验中，幼儿的任务不仅仅是“伸手够”这么简单。想要正确打开一扇门，大宝宝们必须准确地预测出球的位置，记住这个位置，并根据这一目标进行计划与行动（Keen，2003：82）。如果这一系列任务当中的任何一个行为出错，都会让大宝宝们失败。而反观小宝宝们的实验，他们需要满足的条件就没有那么多：他们只需要对于小球的位置有大概其的了解就可以了。

当心理学家煞费苦心设计一项任务的时候，他们总是希望这项任务能够将某些认知能力抽离出来，单独进行测量。如果一项任务是测固态性，那它就只测固态性。如果一项任务是测错误信念，那它就只测错误信念。可是，没有一项认知能力是可以免于其他因素的影响和制约的。小宝宝有限的语言能力和运动能力，让他们无法像大宝宝一样去回答、去搜寻；而大宝宝同样处在发育之中，他们也受到记忆能力、注意力跨度等因素的影响。

根据心理学家约翰·安德森（John Anderson）在1996年提出的经典认知模型，人类的每一种认知操作（cognitive operations）都可以分解为一连串更底层的操作。哪怕是像“开门找球”这样的简单任务，其实也可以分解为涉及记忆、注意力、执行功能等环节的一连串认知操作。而这个链条上任何一个环节的失败，都会导致这个任务的最终失败。也就是说，当大宝宝们失败时，并不一定意味着大宝宝们是真的缺乏固态性的概念，也有可能是这个链条上的某个环节的断裂，导致了大宝宝们最终的失败，让他们看起来“有点傻”。

5

当心理学家为不同年龄段的儿童调整任务难度时，这些不同难度的任务，也会不可避免地对不同的认知能力有所要求。而这些要求，又会影响到宝宝们在实验中的表现。在对宝宝们的表现进行解读时，自然而然也需要考虑到这些能力对他们产生的影响。

大宝宝们不是真的比小宝宝们“傻”，小宝宝们也并不是真的聪慧过人，比大宝宝们还厉害。发展心理学中那些悖论般“越长越傻”的发现，也给心理学家敲响了警钟：心理学家为了收集证据而开展实验，可是当真正面对实验证据的时候，该如何解读它们也同样重要。

哪怕大宝宝和小宝宝都能完成任务，都能“理解”物体的固态性，我们也不能确保在这两个年龄段里，“理解”的深层含义相同。也就是说，虽然斯贝吉和她的同事可以将实验证据解读为婴儿理解固态性，但这个“理解”究竟意味着什么，实验本身并没有给出确切的回答。

理解的具体内容，是抽象如“一个物体不能通过另一个物体”，还是具体如“这个小球不能穿过这堵墙”呢？而这样理解的具体表征又是什么形态的呢？三个月的孩子没有语言，他们不可能自言自语地想着：“哎，怎么就滚过去了，没道理啊！让我多盯一会儿！”——如果说他们更长的注视时间是因为“惊讶”，那他们的“惊讶”是基于什么样的表征呢？

除此之外，心理学家还需要解答一个后续问题：实验的生态效度（ecological validity）问题。

实验室中观察到的现象，能在多大程度上推广到现实世界呢？发展心理学家花了那么多的时间与精力，构建出小小的“事件”和“游戏”，希望能让宝宝们做出某些行为。但这又怎么样呢？这样的“事件”和“游戏”，在现实生活中真的存在吗？心理学家们自然希望，实验室里的观察可以告诉我们一些关于人类心灵本质的信息。但是，如果这些人为构建的“事件”和“游戏”实在太脱离现实生活，我们又能对实验室里的观察的普遍性和适用性有多大的信心呢？

不过，科学总是在不断发展的。近年来，发展心理学对研究方法的关注度越来越高。不少人呼吁，这个领域应当采用更精确、更详细的测量方法（Rubio-Fernánde，2019）。像近年来越来越受欢迎的角膜反射眼动跟踪技术（corneal reflection eye-tracking），就能显著提升婴儿眼动数据的空间分辨率和时间分辨率，让实验人员不仅仅知道小宝宝们看了多长时间，而且能知道他们在每一时刻目光投向哪个地方。

而针对生态效度的担忧，头戴式摄像头的兴起使发展心理学家能够更好地了解宝宝眼中的世界。就在2020年，一组心理学家发布了一个公开的视频数据集。数据集中有超过415小时头戴式摄像头的记录，记录来自三个小宝宝。这些小宝宝从六个月大开始，到两岁半左右止，每周都会固定佩戴头戴式摄像头两个小时。毋庸置疑，这样自然、贴近生活的视频记录，注定会成为发展心理学家了解人类在生命的头三年里到底发生了什么的重要资料（Sullivan，Mei，Perfors，Wojcik，and Frank，2020）。

发展心理学家希望用科学的方法去探索“先天”与“后天”的问题。但没有科学方法的科学不是科学。正如我们所见，研究方法的差异，时不时地会带来一些令人错愕的发现：

小宝宝是“惊人的聪明”，而大宝宝是“惊人的傻”。而这样令人困惑的反差，在仔细审视过方法论之后，也就慢慢地烟消云散了。

进化心理学，可能吗？

1

把一个新生儿平放在垫子上，背部着地。

拎住他的手——把他稍微往上提一点，就一点点。他不需要离开垫子完全悬空。只要他的头能稍微离开垫子一点点就好了。

只要有一丁点的悬空就够了。确保你放手的时候不会伤害到他。

现在，突然放手。

一个正常的新生儿会出现一系列很有趣的反应：他会突然张开双臂，再突然同时把两只手撤回胸前。然后他很有可能会开始哇哇大哭。

发生了什么？

这个伸手臂—收手臂的动作，并不是小宝宝偶然的行为。这个动作被称为“莫罗反射”（Moro reflex），也叫惊跳反射。

所谓反射，是指人们对外界刺激会做出的一些反应，这些反应都是下意识的。比如，如果有异物进入眼睛，我们会开始眨眼，而不需要先想“哦，我现在需要眨眼”才开始这样的反应。这样的反应被称作瞬目反射（blink reflex）。

和瞬目反射一样，莫罗反射的动作也是下意识发生的。不过，和瞬目反射不同的是，莫罗反射属于一类较为特殊的反射，它又被称为“原始反射”（primitive reflex）。原始反射只在新生儿或很小的婴儿身上才会出现，而健康的成年人却不具有这样的反射。换句话说，随着宝宝的发育成熟，像莫罗反射这样的原始反射，会逐渐地消失。

不过，既然这样的反射最后会慢慢消失，那为什么它们还会存在于婴儿的“出厂设置”中呢?

有不少学者认为，这样的反射，其实是我们漫长的进化历史留给我们的小小赠礼：当我们还生活在没有婴儿车和摇篮的年代时，母亲们往往需要抱或背着婴儿。这样带宝宝的方式，自然存在不少安全隐患。妈妈可能一不留神，或者在急需转移阵地的时候不小心失手，使宝宝掉到地上。

莫罗反射的存在，恰好能帮助小宝宝们在千钧一发的时刻紧紧地抓住妈妈的身体。事实上，科学家们早已在很多灵长类动物身上都观察到了莫罗反射的存在。黑猩猩宝宝和红毛猩猩宝宝都会像人类宝宝一样，在突然感受到下落的时候伸手臂—收手臂（Katona，1998）。

可以想象，在瞬息万变的荒野中，只有那些能够把自己紧紧锁在妈妈身体上的宝宝才能生存下来。因此，莫罗反射具有显著的适应价值（adaptive value），能够帮助我们更好地存活下去，也因此代代相传。

虽然这样的解释是未经验证，也很难验证的假说，但它不乏说服力。通过诉求于演化压力或适应价值来解释人类的行为，这并不是什么新鲜事。早在19世纪中后期，提出进化论的达尔文就认为，进化论可以解释的不仅仅是人类的生理结构，也包含人类的行为。而到了20世纪后半叶，这样的论点又被重新重视起来。随着行为主义逐渐离开心理学的舞台中心，更多的人开始注意人类的心理活动。

这样的转变，催生了一个新的领域——进化心理学。

2

在进化心理学的奠基之作《适应的心灵：进化心理学与文化的产生》（*The Adapted Mind: Evolutionary Psychology and the Generation of Culture*）中，三位学界的元老级人物在引言中这样形容这个领域："'进化心理学'是心理学，它是以进化生物学所提供的额外知识为基础的心理学……它将现代进化生物学与认知革命结合起来。而这样的结合，也意味着进化心理学在将来有可能会把所有不同的心理学分支，都汇集成同一个有组织的知识体系。"（Barkow，Cosmides，and Tooby，1992：3）

"将进化生物学融入我们对人类心理的理解中"——这个想法本身，听起来并不荒谬。毕竟，就如同地球上的所有物种一样，今天的人类，同样是自然选择的结果。而我们的感知系统、思维方式、决策方式等，这些发生在"脑子里"的事情，应该也逃脱不了过去进化历程的影响。

自20世纪后半叶以来，进化心理学的影响逐渐渗透到了心理学的各个研究领域。比如，在社会心理学中，有些学者会关注的一个话题是伴侣选择：人们在选择伴侣的时候，都会出于什么样的原因，有什么样的考虑呢？在2006年进行的一项研究对比了女性和男性对于伴侣的选择。他们发现，如果选择的是长期伴侣，女性和男性的挑剔程度相当。但在选择短期伴侣的时候，女性对伴侣的挑剔程度要高于男性（Li and Kenrick，2006）。

这样的性别差异，在一定程度上可以从进化心理学的角度来理解：在避孕措施的推广之前，女性在选择短期伴侣时有可能需要投入的资源更多。哪怕只是短期关系，双方也会有产生后代的风险。一旦这种情况发生，女性则是这段关系当中需要付出更大精力和资源的一方：她们需要经历十月怀胎的过程，而在后代诞生之后，女性也很有可能需要花更多的精力去哺育后代（Kenrick，Sadalla，Groth，and Trost，1990）。这样更高的代价，让女性在挑选短期伴侣的时候更加慎重。

不仅仅是社会心理学，进化心理学还给发展心理学带来了不少启迪。

有学者认为，我们每个人在出生时就拥有一定的"核心知识"（core knowledge）。核心知识指的是一组特定的认知系统，它们"根植于我们的进化史，在婴儿时期就已经出现，并且是儿童和成人进行学习和推理的基础"（Spelke and Kinzler，2007：91）。举例来说，我们识别社会同伴（social partner）的能力，很有可能就是来自核心知识中的一个系统。这个系统可以帮助我们鉴别出谁属于"我们"，谁属于"他们"。

有研究发现，一岁前的宝宝们，就已经具备了识别和自己同属于一个社会群体的社会同伴的能力。而且，宝宝们对于和自己同一群体的个体，也会产生较群体外个体来说更强的偏好（Baron，Pun，Dunham，and Barner，2016），而这种能力之所以会存在于我们的核心知识系统中，很有可能与我们的进化历史息息相关：能够准确识别孰敌孰友，可以更好地提高个体的存活概率，因此具有很强的适应性价值。因此，一代传一代，这样的能力也就变成了宝宝们的一种“天赋”（Cosmides，Tooby，and Kurzban，2003）。

3

尽管进化心理学确实为心理学带来了很多新的启迪，让我们对于某些心理现象的成因有了更多的了解，但与此同时，对这个领域也不乏持批评态度的人。

2016年，两位心理学家彼得·乔纳森（Peter Jonason）和大卫·施密特（David Schmitt）开展了一项调查，旨在回答这样一个问题：那些“看不惯”进化心理学的人，到底觉得它的问题在哪儿？

乔纳森和施密特设计了一个问卷，投向了111名界内学者，收回的答案也许并不太令人吃惊。的确，和广泛意义上的心理学相比，不少心理学家确实会对进化心理学有着额外的担忧。比如，进化心理学似乎在概念问题上尤其引人怀疑。有人担心很多进化心理学的理论混淆了相关性和因果性，还有一些人担心，进化心理学的理论听起来再通顺，它也是不可能被证伪（falsified）的。

可证伪性对于科学来说至关重要。简单来说，具有可证伪性（falsifiability）的理论是可以在一定条件下被证明是错误的。比方说，“所有婴儿的脸都是圆形的”这个句子，就是可以被证伪的。只要我们能找到一个脸不是圆形的婴儿，这个句子就是错误的。再比方说，像“所有独角兽宝宝的眼睛都是彩虹色的”这个句子，就没法证伪。即使我们知道彩虹色的眼睛是什么样子的，我们也没有办法真的找到一只活生生的独角兽宝宝，来证明这个说法是错误的。因此，这个句子是不具有可证伪性的。

20 世纪著名的科学哲学家卡尔·波普尔（Karl Popper）就曾坚定地认为，可证伪性应该被视为科学与非科学之间的边界。只有在一个理论具有可证伪性时，它才是科学的，反之则不然（Hansson，2008）。

我们不难看出，进化心理学中的很多理论，在这方面是不尽如人意的。如果说，婴儿之所以在出生时就具备了某些认知系统，是因为这些系统在进化史上拥有一定的适应价值，那么，我们能用什么样的证据来证伪这样的理论呢？

更糟的是，哪怕我们真的能找到一些神奇的证据来为这个理论提供反例，那我们也可以随机而动，把这个理论调整为：好吧，婴儿之所以不具有这样的认知系统，是因为它的存在会降低我们的生存概率，不具有适应性的价值。

也就是说，无论证据如何，我们似乎都可以重新编一个新的关于“适应价值”的理论。

这样的担忧，早在 20 世纪 70 年代末，就已经被进化生物学家斯蒂芬·杰·古尔德（Stephen Jay Gould）和理查德·莱旺顿（Richard Lewontin）极为精妙地总结归纳出来了。1997年，他们曾经这样写道："拒绝一个有关适应价值的故事后，通常会导致它被另一个适应价值的故事所取代……而且人们接受一个故事的标准是如此宽松，以至于许多故事在缺乏足够的确认的情况下，就被人接受了。进化论者往往会把'与自然选择一致'作为唯一的标准。只要编造出一个有说服力的故事，他们就会认为他们的工作已经完成。但是，人们总能挤出更多有说服力的故事。"

一些进化心理学家提出的理论就像引人入胜的故事，但故事毕竟是故事。对于科学来说，单纯的故事是远远不够的。

4

当然，有不少波普尔之后的哲学家和科学家都认为，我们不能把证伪性看作科学唯一的试金石。1973年，认知科学的奠基人之一、计算机科学家和心理学家艾伦·纽厄尔（Allen Newell）认为，如果科学家以波普尔的可证伪性作为严格标准，那科学可能会走向不必要的僵化，进而产生一些非黑即白，"要么这样、要么那样"的选项。而这样僵化、简化的选项，并不能很好地捕捉现实世界的复杂结构。因此，证伪主义虽然在理论上听起来简单可行，但对实际的科学实践可能帮助不大。

可是就算不谈证伪问题，进化心理学的研究还有很多在部分学者看来是"致命"的问题。

2020年，一篇题为《进化心理学，可能吗？》（"*Is*

Evolutionary Psychology Possible？”）的论文出现在《生物学理论》（*Biological Theory*）杂志上（Smith，2020）。这篇标题颇有挑衅意味的文章作者是萨布雷娜·史密斯（Subrena Smith），她是一位哲学家，专攻生物学哲学和进化心理学哲学。在这篇文章中，她没有继续追问进化心理学的证伪问题，而是质疑了许多进化心理学家所采取的推理策略（inferential strategy），她认为这里面存在一个“对应问题”（matching problem）。

许多进化心理学家通常会假定，我们今天看到的许多当代心理特征与我们祖先所拥有的心理特征是相对应的。我们今天怎么想、怎么做，是由于某种心理特征。而当年我们的祖先和我们的想法、做法一样时，他们也拥有与之对应的相同的心理特征。1997 年，进化心理学家莱达·科斯米德（Leda Cosmide）和约翰·托比（John Tooby）曾经写道：“现在的行为是由一些信息处理模块（information-processing modules）产生的，这些模块的存在正是因为它们在过去曾经解决了适应性的问题。”

持这种假设的进化心理学家不在少数。但是史密斯指出，我们其实并没有足够多的证据支持我们与祖先之间心理特征的对应性。我们对于早期人类行为的了解太过笼统，也太过稀缺，既无法提供心理特征间对应的证据，也无法让我们提出一些更具体且可以验证的假说。

史密斯用一项前些年发表的研究举了个例子。这项研究被刊登在一个受过同行审议、专业性很高的进化心理学期刊上，主题是性别差异：男性和女性对伴侣的不忠行为的认知是否存在差异？

这篇文章的研究人员声称，从进化论的角度来看，男性被女性“戴绿帽子”所需要付出的成本会更大。因为他们需要冒的风险，是将自己的资源“投资”在和自己没有基因关系的后代身上。而对于女性来说，这样的顾虑就不会存在。

正是基于这样的假设，研究人员推测，“男性的‘不忠检测系统’（infidelity detection system）可能就是具有高估伴侣未来出轨可能性的特点”（Goetz and Causey，2009：258）。用通俗的话来说，男性更容易认为自己的伴侣会给自己“戴绿帽子”。在收集分析了136名大学生的问卷答案后，他们声称证据确实与推测一致：“男性对伴侣未来不忠的可能性的判断大于女性。”（Goetz and Causey，2009：262）。

在史密斯看来，这项研究体现了进化心理学的一个常见缺陷。第一，他们假设人们在回答问卷时，其判断是真的来自一个专门负责检测伴侣是否出轨的“不忠检测系统”。第二，哪怕这样的系统真的存在于当下的实验被试身上，我们也需要进一步假设，同样的系统也存在于我们的祖先身上。就连石器人也都是依赖于同一个“不忠检测系统”，来判断自己的石器人伴侣是否出轨。

然而，该实验的研究人员从始至终都没有证明这两点假设，也没有提出支持这两点假设的证据，他们把需要证明的论点当作已知的事实。用史密斯的话说，就是“假设了需要证明的东西”（Smith，2020：43）。

5

不夸张地说，进化心理学可以说是心理学中很有争议的领域之一。

其他领域也不是没有分歧，科学总是在意见的针锋相对间前行。但其他领域的争论很少会像进化心理学中的这样直接——直击核心。“进化心理学，可能吗？”哲学家问道。

对于进化心理学，学界内部的意见两极分化得极为严重。在一个极端，有人嘲笑进化心理学是心理学中的“占星术”，认为它给我们的只是一些差不多的故事，根本不应该被认真对待。

但在另一个极端，它的追随者奉它是给一统心理学带来希望的曙光。同样是在2020年，得克萨斯大学奥斯汀分校（University of Texas at Austin）心理学教授大卫·布斯（David Buss）在一篇论文里宣称，进化心理学应该被视为心理学的一次重要历史运动。它是一次“科学革命”，对心理学的意义就如哥白尼革命之于天文学，进化论之于生物学。

布斯认为，进化心理学的主要贡献在于它为心理学提供了一个有说服力的“元理论”（meta-theory）。元理论指的是“一组科学家们共同持有的基本假设”，它们往往可以“生成、发展和测试”其他更具体的理论（Ketelaar and Ellis，2000：4）。进化心理学为心理学带来的假设，敦促着心理学将进化过程视为解释人类行为的基本前提，同时也强调了对心理特征的适应价值的研究。这些假设对心理学中的其他子领域也有影响。比如，在这样的理论框架下，发展心理学可以更好地超越简单的“自然还是培育”（nature or nurture）的二分法，更好地去理解人类的心理特征的本源（Buss，2020）。

作为进化心理学的元老级人物，布斯还强调，许多对进化心理学的批评其实都源于误解。比如，误认为进化心理学就意味着“基因决定一切”，或者对于“适应性”这样的概念有着过于简化的理解，等等。然而遗憾的是，也许是出版时间的缘故，布斯并没有回答史密斯从哲学的角度进行的批判：如何解决史密斯所提出的“对应问题”？进化心理学的推理策略是否有缺陷？

这两个问题的答案，直接关乎史密斯的核心一问：“进化心理学，可能吗？”

和其他任何科学一样，心理学的格局也是不断变化的。有时候，关于进化心理学的辩论几乎已经不再是一个单纯的科学问题，而逐渐变成了哲学层面的争论。“什么样的证据、解释和理论可以被心理学接纳？”“如果放弃证伪主义的话，心理学中的科学与伪科学的界限在哪儿？”回答这些问题的困难，可能正是我们的“当局者迷”。对于还生活在心理学的这段历史中的我们，或许既不能全心全意、全方面地接受进化心理学的理论，也不能就在此时此刻彻底否定它，认为它不过是“讲故事”而已。对待这样争议颇多的领域，我们能做的，也只能是具体问题具体分析，客观地、有批判性地对待进化心理学实验提供的证据。

你是女孩子，天生就应该……

1

那是一张照片。

背景一团黑，中间是模模糊糊的一个橙红色的光环，光环中又是一小团黑。如果不细看，可能还会以为这是谁手抖加逆光拍了张自己家的电灯泡，或者是谁恶作剧，把甜甜圈修图修得莹莹发光。

正是这张照片，在2019年的时候惊动了一众天文学家、物理学家以及那些为璀璨星空着迷的人。这张照片的主角是一个黑洞。它位于距地球五千五百万光年的M78星系，体积要比整个太阳系还大，是地球的三百万倍。为了捕捉到它的影像，遍布全球的科学家和他们的射电望远镜，一同对着M78星系拍摄了整整十天。而“拍摄”结束之后，又经历了长达两年“洗照片”的过程。如果人类真的想知道黑洞长什么样，科学家就必须对收集到的数据进行处理、分析，最终重建出人类视觉系统可以解读的模样。

29岁的凯蒂·博曼，正是“洗黑洞照片”团队中的带头人物。如今已经是加州理工大学（California Institute of

Technology）的一名助理教授的她，三年前在麻省理工学院读博时就带领团队开发了重构黑洞照片的算法。虽然博曼再三强调，这个项目的背后离不开太多太多顶级科学家的付出与合作，自己只是团队中的一员，但她在这个项目中起到的重要作用，也让很多媒体都盛赞她是“第一张黑洞照片背后的女人”。

在今天，像博曼这样在科学领域中做出重大贡献的女性早已不在少数。无论是天文地理，还是生物医疗，女性都在人类知识的最前沿不倦地奋斗着。然而，哪怕有着数不胜数活跃在科学第一线的女性科学家，女孩子在成长的过程中还是总会听到各种各样关于“理科对于女生来说太难了”“女生不适合做科研”“女孩子学不好数学”等言论。

如果说成年女性尚能主动地对这样的言论进行批判性的反对，小朋友们在更多的时候就只能潜移默化地受着影响。2011 年，一项研究就发现，就连刚上二年级的小学生都会出现对于数学的文化偏见（cultural stereotype），认为小女孩不做数学题，小男孩才做数学题（Cvencek，Meltzoff，and Greenwald，2011）。而这样的态度，很有可能会影响到小朋友日后对于数学乃至理科的学习态度。“如果我‘天生’就不适合学这门学科，那我何必白费功夫呢？”——不难想象，类似这样的想法，很容易就会将人带入一种恶性循环：在个体层面，越没有兴趣，就越学不好，也就越觉得没有必要学；越没有必要学，就越学不好，也就越没有兴趣。而在社会层面，这又进一步加深了对于女性的偏见。

可是，这些偏见最初从何而来呢？生理性别的不同，自然也就意味着生理结构的不同。既然我们知道人类的认知活动与大脑活动息息相关，无法脱离生理活动而单独存在，那么，体现在生理结构上的男女差异，是否会反映到我们的认知活动上呢?

2

在脑科学的语境中，“性别差异”这个词容易使人联想到有关性别的本质论。

“男性大脑体积更大。”

“男性大脑中的某某结构，体积比女性更大。”

“男性的心理旋转能力（mental rotation）更强。”

……

这些论断以及它们背后的科学证据似乎都指向一个观点：男女有别是天生如此的。从脑结构到脑功能，从感知机制到认知机制，脑科学的研究者们对于性别差异这一课题的研究可以说是无处不在的。由于很多神经类疾病与精神类疾病的发病率、发病症状都会呈现出悬殊的性别差异，为了更好地理解这些疾病背后的机制，科研人员需要从大脑与认知的性别差异入手，以更好地造福患者（Gobinath，Choleris，and Galea，2017；Mazure and Swendsen，2016）。

2018 年 8 月，由爱丁堡大学（University of Edinburgh）心理系教授斯图尔特 · J. 里奇（Stuart J. Ritchie）带领的研究团队，在牛津大学出版社旗下的期刊《大脑皮层》（*Cerebral Cortex*）上发表了一篇至今为止样本量最大的大脑性别差异研究文章。在收集对比了 2 750 名女性和 2 466 名男性的大脑结构与功能成像之后，研究人员得出结论：男性大脑的原始体积更大，原始表层面积更大，白质的部分各向异性（fractional anisotropy，FA）更高；相比之下，女性的大脑则呈现出皮层原始厚度更高、白质纤维束更复杂的特点。

尽管研究人员反复强调，男女大脑的结构与功能都是重合远大于相异的，这样的研究结果仍然容易让人误解为“给本质论者背书”。

随着近些年来脑成像技术的不断发展，脑科学的进展在一定程度上提升了人们对于还原论的青睐程度。对于一些人来说，仿佛无论是什么样的心理活动，无论是什么样的认知机制，最后都注定能在电脑屏幕上神秘闪烁的大脑结构图中找到答案。如果科学家已经在这“科学巅峰”之上找到了男女性别差异的证据，那么这必然是对社会建构主义的致命一击：就连脑科学都发现了性别差异的证据，我们又谈什么性别的社会属性呢？

但是，这样看似科学的论点，其实既是对文献的误读，也是对大脑本身的严重误解。

“群体差异并不代表个体差异”这样的论点，对于大多数人来说应该已经并不陌生了。当科学家在谈及“男性大脑体积比女性大脑体积更大”的时候，都是在将两个群体的平均值作比较。如果具体落实到每一个男性个体、女性个体身上，这样的平均值差异并不能翻译成“只要是个男的，他的大脑体积都会比女性大脑的体积更大”。

不过，需要指出的是，“男性大脑”和“女性大脑”这样的说法非常容易使人产生一种错误的印象：大脑这个器官，就像生殖器一样具有非男即女的生理性别。在生理性别的划分上，学界目前广泛采用的是“基因—性腺—生殖器（Genetic-

Gonadal-Genitals，3G）”模型。自然界中 99% 的人都可以在这个高度二元对立的模型上保持内部一致性。也就是说，绝大多数基因型为“女性”的人，也会拥有“女性”的性腺与生殖器，而绝大多数不落入“女性”范畴中的人，则会落入“男性”的范畴（Joel，2012）。

然而，这样的模型并不能很好地被迁移到对人类大脑与认知的理解上。

3

2015 年，以色列的神经科学家达夫纳·乔尔（Daphna Joel）与她的研究团队一起提出了“马赛克拼花”模型。

他们认为，大脑并不能像基因、性腺或生殖器一样，被粗暴地划分为“属于男性”或“属于女性”。大多数的大脑都像独一无二的“马赛克拼花”，同时具有偏雌性化和偏雄性化的特征。举个简单的例子，假设我们的大脑一共只有 A、B、C、D、E 五个特征，那么我的大脑可能是 A 和 B 比较偏女性化，C、D、E 比较偏男性化，而你的大脑则可能是 A、D 比较偏女性化，剩下的比较偏男性化。究竟哪些特征会偏向什么样的性别，这在很大程度上与我们的“基因—性腺—生殖器”性别没有关联。

乔尔和她的团队汇总分析了来自十个脑影响数据库的资料之后，发现这些数据库中的大脑性别内部一致性都极低。比如，在一个收集了美国 2 239 名男性与 2 621 名女性青少年脑影像的数据库中，研究人员发现只有 0.1% 的人拥有一个“纯男性”或“纯女性”的大脑。也就是说，剩下 99.9% 的大脑样本，都是既存有偏雌性特征，也存有偏雄性特征的。

总而言之，绝大部分在“基因—性腺—生殖器”模型上可以被划分为纯男性或纯女性的人，都拥有一个雌雄间性（intersex）的大脑。而剩下那 0.1% 的“男性大脑”和“女性大脑”又是在仅选取了 8 个变量进行分析的情况下得到的结果。而我们早就知道，大脑的复杂程度，绝对不是简单的 8 个变量可以囊括的。

研究人员已经发现，“性别分化”的现象可以在神经元的突触发生（synaptogenesis）、树突分支（dendrite branching）、星形胶质细胞（astrocyte）和小胶质细胞（microglia）的形态上有所体现（McCarthy，Pickett，VanRyzin，and Kight，2015）。而这些基础层面的“性别分化”现象背后都有各不相同的工作机制影响。

比如，科学家们发现，下丘脑核团（hypothalamic nucleus）体积的性别差异，就是由该区域神经元的死亡速率不同所导致的。在这一区域，男性的多巴胺能神经元（dopaminergic）和 GABA 能神经元在发育过程中都会更早地死亡，从而导致男性的下丘脑核团体积更小（Joel and McCarthy，2017）。然而，这些神经元的“夭折”机制，都彼此各异，尚待探索。也就是说，就算回到最基础的神经元层面，我们对于“性别”的影响的理解也极为有限。

在性别差异的领域，不仅对大脑生理结构的研究进展缓慢而艰难，在对大脑认知功能的探索上，也面临着重重挑战。大脑内部也存在着数量繁多的互动与相互影响。脑区 A 所对应的强激活，很有可能是为了补偿脑区 B 所对应的弱激活。而脑区 B 表面上的“弱激活”，很有可能又是为了补偿脑区 C 的其他功能。2004 年，神经科学家格尔特 · J. 德 · 弗里斯（Geert J. de Vries）还曾提出一个假说，认为我们可以从“补偿”这个角度去理解观察到的大脑性别分化。他认为，大脑各个层级存在的性别分化，也许是一种为了防止性别“过度分化”的补偿措施。

此外，科幻感十足的脑成像技术固然很好地促进了我们对于大脑的理解，但是现在科研人员常常面临着“逆向推理”的问题。当实验人员在电脑屏幕上观察到了某一块脑区的激活时，往往需要“倒退”着推测出这块激活所对应的认知机制。这样的思路，如果迁移到性别差异的研究上，就会更加严重：研究人员所观察到的差异，究竟有多少是可以归因于性与性别的？还有多少是可以归因于性与性别带来的思维模式的不同？而这些思维模式的不同，又在多大程度上取决于社会影响（Jordan-Young and Rumiati, 2012）？

4

近 30 年来，在认知能力的性别差异上有大量的研究证据都表明，男女在空间认知上的能力存在一定差异。在很多研究空间认知能力的实验范式中，男性都会取得较女性更好的结果（Voyer, Voyer, and Bryden, 1995）。这样的结果乍一看令人觉得无可辩驳，但是在实验室外的真实世界，这样的差异又有多大意义呢？

2007 年，加拿大多伦多大学（University of Toronto）的一组研究人员设计了一个非常有趣的实验。他们招募了 20 名在该校上学的本科生，将他们分为“玩动作游戏”的实验组以及“玩解谜游戏”的对照组。他们发现，在连续 4 周，总共 10 小时的游戏训练后，只有玩动作游戏的组别在空间认知测试范式中取得了更好的结果。更有意思的是，这些同样玩了 10 个小时《荣誉勋章：太平洋战役》的被试中，女性的表现提升要高于男性，两性之间的表现水平并不能达到有统计学意义的差异。这样的水平提升，在 5 个月后的跟踪测试中，仍然得到了很好的保持（Feng，Spence，and Pratt，2007）。

更耐人寻味的是，这个研究团队还发现了学习科目对于空间认知能力的影响，其中科学工程类学生的空间认知能力要优于人文艺术类学生，而这些领域中的性别刻板印象已属于老生常谈。空间认知能力的性别差异究竟从何而来，我们仍然处于探索阶段，但可以肯定的是，社会因素在一定程度上起到了不断加固、加深性别差异的作用。

同时，我们不能忽略大脑本身也是处于不断变化当中的。它并不仅仅受出生时的生理性别影响，它在成长发育的过程中，也会受到一个人的生活经历的影响。一个最著名的例子就是伦敦出租车司机的海马体。研究人员发现，这些出租车司机的海马体的大小会比对照组的海马体更大（Maguire，Woollett，and Spiers，2006）。因为海马体与空间记忆有关，研究人员通过一系列对照实验得出结论，这些出租车司机海马体更大的原因，是他们需要为了工作而记住伦敦的大街小巷，他们的空间认知能力是在后天的训练中得到了增强，这样的后天训练也改变了他们的大脑结构。

如果连从事的职业都能对大脑结构产生影响，不难想象男孩女孩从小到大生长的环境，也会对大脑和心智发育产生极为深远的影响（Jordan-Young and & Rumiati，2012）。

有学者曾整合分析过一个包含了近20万字、共249本童书的数据库中使用的语言。他们发现，这些给0至5岁小朋友看的童书中，都夹杂着丝丝缕缕有关性别的刻板印象。比如，女性气质总是与和情感有关的词语一起出现，而男性气质则常与和“工具”相关、机械感十足的词语一起出现（Lewis，Borkenhagen，Converse，Lupyan，and Seidenberg，2020）。

目前，我们尚不了解这样的潜移默化在何种程度上会对我们的大脑结构与功能产生影响。但是，已经逐渐开始有证据表明，就连6岁小女孩的兴趣所在，都会受性别的刻板印象影响而改变（Bian，Leslie，and Cimpian，2017）。这仿佛再一次指向了一个恶性循环——在个体层面，越没有兴趣，就越学不好，也就越觉得没有必要学；越没有必要学，就越学不好，也就越没有兴趣。而在社会层面，这又进一步加深了对于女性的偏见。

5

2011年，来自加利福尼亚大学旧金山分校（University of California，San Francisco）以及伯克利分校（Berkeley）的两位科研人员，汇总分析了从1909年到2009年间来自十个不同的泛生物学领域的文献资料，其中主要包括对于动物模型和人类被试使用较为广泛的药理学、内分泌学、神经科学等。他们发现，在过去100年间，绝大多数动物模型使用的是雄性动物，只有15%左右的动物模型包含了雌雄两性。雄性动物的比例，尤其是在1969年后“突飞猛进”。这篇文章的两位作者最后总结道，即使是在今天，像神经科学等泛生物学领域的研究中，仍然充满着“性别不平等”的色彩（Beery and Zucker，2011）。

2019年3月，神经科学家丽莎·艾略特（Lisa Elliot）在《自然》期刊上刊文，深度剖析了以神经科学为基础的性别歧视（neurosexism）现象。从1895年开始，当社会心理学家、《乌合之众》的作者古斯塔夫·勒庞用他的便携式测颅器得出结论，认为“女性代表着人类进化中最劣质的形式”，再到这之后的100多年充斥着学界与社会的大众偏见与出版偏见。对于人类心灵的科学研究，并没有因为更加发达的脑成像技术而逐渐逃离性别偏见的影响。

当今天的脑科学家在实验室里对性别差异进行研究时，往往只能获得很短一段时间截面上的信息，实验人员不会知道这些被试的成长轨迹与生活经历。而在当下的社会环境中，不难想象，性别会使一个人的生活经历有着极大的不同。即使是在实验室中，当实验人员在收集被试信息的时候，往往既不区分生理性别与心理性别，也不提供男女之外其他的性别选项。这些年不断进步的性别理论，仍然在实验室外不停地徘徊，等待着被承认、被重视的机会。

不可否认，大脑的性别差异是极为重要的话题。但就目前而言，无论是在功能上还是在结构上，我们对于性别差异的理解仍处于刚起步的阶段。我们唯一可以确定的是，大脑并不落入“基因—性腺—生殖器”的生理性别模型。

在今天，大脑与心灵之间的关系，仍是有待探索的问题，脑科学研究的解读更需要我们谨慎有加。性别差异的研究本身值得我们期待，但性别差异的研究结果，决不能被理解为本质论的“科学证据”。与其说女孩子“天生”数学不好，倒不如说是社会中太过普遍的性别偏见，让女孩子需要面对更多的束缚与挑战。

先天 vs 后天：300 年前的哲学问题，脑科学回答了？

1

“假设一个人天生失明，现在已经成年。他能通过触摸来分辨材质相同、大小相同的立方体和球体。”爱尔兰作家威廉·莫利纽克斯（William Molyneux）在致友人约翰·洛克（John Locke）的信中写道：“然后，我们将立方体和球体放在桌子上，让这个盲人突然复明。问：在触摸这两个物体之前，刚刚恢复视力的盲人是否能辨别出哪个是立方体，哪个是球体？”

这个在一定程度上由他的盲人妻子所启发的问题，在后来成为世世代代哲学家们交锋的战场。哲学家以见微知著闻名，对于那些正在探究人类知识的起源、心灵的本质的哲学家来说，这看似无足轻重的思想实验——如今也被称作莫利纽克斯问题（Molyneux's Problem）——是一个极为关键而迷人的问题。

著名的哲学家洛克在他的《人类理解论》（*An Essay*

Concerning Human Understanding）中，给出的答案是坚定的“否”。

他认为，尽管这个盲人已经拥有关于立方体和球体对他触觉影响的经验，但是他尚未获得这些物体对他视觉影响的经验，因此无法建立触觉与视觉间的关联。换句话说，洛克相信，我们所有的知识必须通过感官体验获得，这个立场也被称为经验主义。

与此相对的是理性主义。理性主义者认为，并非所有知识都来源于经验，而这一派倾向于对莫利纽克斯问题给出肯定的回答。理性主义的代表哲学家莱布尼兹认为，人类出生时就拥有形状的心理表征（Glenney，2012）。这样的表征由不同的感官模式共享，无论是触觉还是视觉，它们触发的都是相同的心理表征。因此，如果人可以通过触摸来区分立方体和球体，那么，他自然也能通过视觉区分二者。

几个世纪以来，经验主义和理性主义不断交锋，双方都为自己的观点进行了激烈的辩护。但是如同大多数的哲学问题一样，这个问题也始终没有定论，直到脑科学进入人们的视野。

2

2013 年，麻省理工学院的一组研究人员在帕万·辛哈（Pawan Sinha）的带领下，发起了致力于帮助印度盲童的“光计划”（Project Prakash，“Prakash”在梵语里是“光”的意思）。他们帮扶的目标是先天患有可治愈眼疾的盲童。可治愈的眼疾主要有两类：白内障和角膜混浊。在发达国家，这类问题通常是在婴儿期被发现的，孩子们在很早的时候就能得到治疗。

然而不幸的是，由于医疗条件不佳，很多生活在发展中国家的孩子无法得到及时的治疗。

光计划的目标就是帮助这些孩子。与此同时，研究人员也获得了一个理解人类大脑的独特机会。在团队帮助盲童恢复视力的过程中，他们偶然发现可以借此探索莫利纽克斯问题：他们所治疗的许多患者在青春期末期都保持着失明的状态，那么，在复明之后，这些人是否可以区分立方体和球体呢？

五名光计划的受益者参加了这项实验。在他们当中，年龄最小的孩子只有 8 岁，而年龄最大的已经 16 岁。这五个孩子全都患有先天性角膜混浊。在手术之前，他们的视觉能力都不足以支持他们辨别形状。这些孩子在手术前接受了一些触觉上的训练。研究人员保证他们可以通过触摸的方式来区分 20 对三维物体。而在他们的第一只眼睛接受手术之后的 48 小时内，研究人员立即对他们进行了“匹配样本”（match-to-sample）测试。这些孩子首先通过视觉或触觉来熟悉一个物体，之后，他们需要在给定的两个选项中，挑出与他们熟悉的物体匹配的那个选项。根据分组，这些孩子接触选项的方式有的时候是用眼睛看，有的时候则是用手摸。

这些孩子在用触觉熟悉过一个物体之后，能准确地用视觉辨认出那个物体吗？莫利纽克斯问题的答案，似乎近在咫尺。

实验的结果或许会让经验主义者欢欣鼓舞。这些仅获得 48 小时视觉经验的被试，并不能很好地用视觉辨认出刚刚用触觉熟悉过的物体。值得指出的是，这种能力的确不能全然归于视觉能力。如果这些孩子在一开始就是通过视觉来熟悉物体，那么他们在测试阶段也能准确无误地用视觉辨认出那个物体。这样的视觉辨识能力与触觉相当。也就是说，问题或许只存在于视觉和触觉之间的对应关系上。

这样的结果自然是令人感到惊奇的。在除了庆祝几个孩子恢复视力之外，我们是否也应该趁机庆祝一下莫利纽克斯问题的落幕呢？我们是否应当恭喜经验主义者，他们在 300 年前就已经掌握了正确答案呢？

3

事情远远没有那么简单。

在哲学家约翰·史威克勒（John Schwenkler）撰写的一篇文章中，他指出，如果想完成光计划的研究团队所设计的任务，被试不仅仅需要了解视觉与触觉之间的对应关系。视觉和触觉之间的差异，不光在于两种感官信息的现象学的不同。更重要的是，两种感官系统中包含的空间信息也不同。这些被试在通过触觉熟悉物体时，往往可以通过多种角度触摸这个物体。然而，当被试在使用视觉来接触物体的时候，他们只能面向物体的一面。尽管研究人员允许这些被试调整自己的视角，但他们从未规定过这些被试调整视角的频率。在这种情况下，用视觉和触觉进行比较似乎有所不公。

无独有偶，哲学家迈克尔·布鲁诺（Michael Bruno）和埃里克·曼德尔鲍姆（Eric Mandelbaum）也强调了莫利纽克斯问题中的模糊性。

这个问题可以被拆解成两个小问题：第一，这些复明的人是否能将二维的正方形和圆形与触觉上的刺激相关联。而第二个问题，才是三维物体在触觉与视觉上的联系。早在洛克写作《人类理解论》的17世纪，光学家们就已发现我们接收到的视觉信息其实是二维的。洛克本人就曾写道，当人们看到一个凸面的时候，人们看到的其实是“一个有各种阴影的扁平圆”。我们之所以能感知三维物体，是因为我们拥有足够的视觉经验，能够即时地进行一些“判断”，从二维的视觉信息中构建出一个三维物体。

而在光计划进行的一项较早的研究中，研究小组发现，这些复明的患者即使在数周和数月的康复后，仍然难以辨识三维物体。比如，当看到三维物体时，这些患者会告诉研究人员他们看到了多个物体。他们报告的物体数量正好对应他们可以看到物体的多少面。这样的证据表明，这些患者的视觉系统很难利用阴影线索，将同一个物体的不同面整合成一个个体。因此，光计划中的孩子不能通过视觉辨认出触觉上所熟悉的物体，也许是因为视觉上的立体感缺失，而并不一定源于视觉和触觉两种感官经验间缺乏对应的关系。

从另外一个角度来说，莫利纽克斯问题之所以还不能落下帷幕，还与大脑的可塑性有关（Hübener and Bonhoeffer，2014）。

也许，这些被试在人生早期没有得到所必需的视觉刺激，他们视觉皮层的功能已异于常人。除非光计划能将这些患者的大脑皮层也重新排布，否则将他们视为莫利纽克斯问题中的那个“复明人”只能是答非所问。

20世纪六七十年代，两位杰出的神经科学家托斯坦·维厄瑟尔（Torsten Wiesel）和大卫·休伯尔（David Hubel）曾做过一系列开先河的工作。他们发现，如果剥脱了小猫刚出生两个月时的视觉经验，这些小猫的外侧膝状体中的细胞会出现明显萎缩的症状，而这恰好是视觉通路中的关键组成部分。这一发现与之后的许多研究一起，表明大脑的发育也许有一个“关键时期”。在此期间，外部环境的变化会对大脑的功能型结构产生深远的影响。尽管我们的大脑在一生中都保持可塑性，但这种随着经验而变化的能力唯在“关键时期”达到顶峰。在这期间，突触的可塑性，神经元彼此形成连接、改变连接的能力，都会达到顶峰。

有大量证据表明，失明会改变大脑的功能组织（Ostrovsky，Meyers，Ganesh，Mathur，and Sinha，2009）。20 世纪 90 年代末期，就有研究表明盲人在阅读盲文时，会出现从中枕叶到双侧纹状皮层的增强激活（Sadato et al.，1996）。而在正常人中，这些区域的激活通常被认为是在加工视觉信息（Röder，Stock，Bien，Neville，and Rösler，2002）。不仅如此，研究人员还发现，当盲人从事语音处理任务，或者听觉定位任务的时候，视觉皮层中都会出现激活增强（Weeks et al.，2000）。显然，失明带来的影响超出了“看不见”的范围。也许，这些患者没有像光计划或经验主义者所希望的那样“完全康复”。

4

脑科学的发展，让更多的迷雾笼罩在莫利纽克斯问题上方。如果说能让失明者“忽然复明”，并不意味着能保证让他们的大脑功能与结构完全恢复到正常人的状态，那么，科学家是否还有别的方式来探索这个有300年历史的哲学谜题呢?

答案是肯定的。

早在18世纪，法国哲学家德尼·狄德罗(Denis Diderot)就曾指出，双目复明的盲人的视觉经验，可能与新生儿刚刚睁开眼睛时的体验非常相似。尽管新生儿的感知系统与认知功能都尚未发育完全，也并不能为莫利纽克斯最初的问题提供一个确凿的答案。但是，由于新生儿缺乏在感官经验里学习形状在触觉中与视觉中的对应关系，这些小宝宝也确实带来了探索这一问题的良机：一个没有学习经验的新生儿在单纯地触摸过某一物体之后，是否能用视觉系统分辨出刚刚触摸过的物体形状?

为了一探究竟，2003年，心理学家阿赫莱特·斯特莱利(Arlette Streri)和爱德华·常塔(Edouard Gentaz)专门与一家母婴医院开展合作，招募了一批平均“年龄”为62小时的新生儿。小宝宝的手很小，所以他们专门为婴儿准备了两个迷你物块——一个是高3.5厘米、底边长1厘米的三棱柱，另外一个是高3.5厘米、底边直径为1厘米的圆柱。在实验中，他们会轻轻地把三棱柱或圆柱放在小宝宝的右手掌，激发他们的抓握反射(palmer reflex)，让他们把物块攥在手心。在这期间，实验人员也会确认小朋友看不见他们抓握的物块究竟是什么形状。当小宝宝攥够一段时间后，实验人员会把物块轻轻地抽出来。

接下来，最关键的测试开始了：小宝宝们能用眼睛识别出这个只摸过、没见过的迷你物块吗?

想要回答这个问题，自然离不开研究婴儿认知最常见的测量指标之一——注视时长。接下来，实验人员将三棱柱和圆柱摆在小宝宝的面前。按照理论来说，如果小宝宝并不能很好地将刚刚触觉接收到的信息转移到视觉，那他们对于三棱柱和圆柱的注视时长应当相差无几。但是，如果他们能够通过视觉系统辨别出刚才自己摸到的物块，那么，他们由于被新奇事物所吸引，应该更长时间地注视刚刚自己没有触摸过的物体。摸到圆柱的小宝宝，应该更长久地注视三棱柱。而摸到三棱柱的小宝宝，则应该更长久地注视圆柱。

斯特莱利和常塔的证据表明，这些平均“年龄”为 62 个小时大、之前从来没有用眼睛看过圆柱和三棱柱的小婴儿，在仅仅攥过、摸过圆柱和三棱柱之后，也能准确地用眼睛辨别这两种物体。事实上，后来还有研究发现，新生儿不仅能将触觉信息与视觉信息对应起来，他们的听觉系统和视觉系统形成的表征同样也有联系。比如，刚刚出生三天的婴儿会将视觉刺激的亮度与听觉刺激的时长联系起来（Bonn，Netskou，Streri，and de Hevia，2019）。

这样跨感官系统的对应关系，不仅为莫利纽克斯问题带来了新的启发，似乎也为经验主义的解释带来了更新的挑战。

5

归根结底，莫利纽克斯问题只是一首序曲。它背后，是一个更宏大的问题：哲学与科学之间的关系。随着科学的发展，有朝一日，我们是否能够通过科学来回答哲学问题？

哲学家奎因创造了“自然化认识论”（naturalized epistemology）一词。他曾经写道：“认识论，或类似的东西，应当作为心理学的一章，被归入自然科学之中。心理学研究一种自然现象，即一个自然人类主体。”在他后期的学说中，他还补充道，自然化认识论并不仅仅依托于心理学。认识论也应当从神经学、物理学中寻求答案，在最后，它应当被视为工程学的一个分支——“规范化认识论是工程学的一个分支，它是一项寻求真理的技术”。

当然，并非所有人都认同这样的“自然化认识论”，反对者认为认识论应当从自然科学中寻找答案。一些人批评它循环论证，而另一些人则认为这种方法遗漏了认识论中最重要的组成部分之一——规范性。心智哲学家金在权（Jaegwon Kim）曾经论证过规范性的重要性：“……很难相信，当认识论缺失了规范性的时候，当它缺乏适当的规范性证明或证据的概念的时候，”金在权在他的书中评论道，“（这样的自然化认识论）与传统认识论还有什么样的共同点。除非，自然化认识论与古典认识论涉及一些相同的问题，否则很难看到一种流派取代另外一种，或者放弃（一种更好的方式）选择另外一种方式。”（Kim，1988）

科学可以回答哲学问题吗？这个问题本身，就具有重大的哲学意义。也许，我们应当采取的策略，不是去猜测“最终答案”花落谁家，哪个学科笑到最后，也不是去猜测哪个学科应该被另一个学科取代。在理想的情况下，哲学应当能从经验科学中受益，反之亦然。

当希拉里·普特南（Hilary Putnam）被问及他对科学哲

学在心理学、人工智能和神经科学中的作用时，他幽默地回答：“当然是讨人厌了。”这位杰出的哲学家、逻辑学家随后解释说：“……科学哲学最激动人心的任务，是将科学概念的澄清和科学理论中可能的影响相结合，其中包括将已经提出的理论和尚未得到证实的理论相结合，从而解决重大的形而上学问题。”

尾声：认知科学死了吗？

1

“认知科学怎么了？”

2019 年 6 月的《自然·人类行为》上，一篇文章的题目格外醒目（Núñez et al., 2019）。

自诞生伊始，认知科学就以研究心灵本质的新时代交叉学科自居。这门声称融会贯通了心理学、计算机科学 / 人工智能、语言学、哲学、神经科学、人类学这六个领域的学科，虽然甫一出世就万众瞩目，但相伴而来的，却是接连不断的质疑声。

早在将近十年前，《连线》（*Wired*）杂志就曾非常尖锐地讨论过认知科学的价值。在一篇题为《认知科学是不是一堆废话》的文章中，作者转述了一位来自伦敦大学（University of London）的生物物理学家大卫·科尔库恩（David Colquhoun）对认知科学的批评，他毫不客气地把认知科学称作“新颅相学”。无独有偶，在 2012 年的《大脑皮层》杂志上，加拿大约克大学（York University）心理学系的维诺德·戈埃尔（Vinod Goel）教授也发文质疑认知科学对神经科学做出的贡献。有人曾将这样的批评凝缩成一句话："认知神经科学既不能帮助我们理解认知，也不能帮助我们理解神经科学。"

在 2019 年的这篇文章中，作者们统计了认知科学的文献计量学指标（bibliometric indicator）。他们提取了分析期刊《认知科学》（*Cognitive Science*）上所有发表过文章的作者的隶属院系，而结果却令人失望：与期待当中的六学科交叉融合不同，63.1% 的文章作者通信单位都是心理系，而像哲学和人类学等，仅分别占到刊文作者的 3% 与 1%。另外一项文献计量学指标——文章的引用环境，也指向了相似的趋势：从 2000 年起，心理学期刊所占的比重逐级攀升，到 2014 年为止，心理学期刊已经"过度地代表了"《认知科学》的引用环境。

与文献计量学指标保持一致的是社会机构指标（socio-institutional indicator）。截至 2018 年，世界上仅有的 4 个可以授予博士学位的认知科学系中，只有不到 10% 的教职人员受过系统、明确的认知科学训练，而其余的九成教职人员都是心理学家。不仅博士学位如此，在北美地区 33 个开设认知科学专业本科教育的院系中，有 60.3% 的课程与心理学相关，甚至还有 7 所院校的学生可以在没有上过任何一门名称中含有"认知科学"的课程的情况下，顺利取得认知科学的学位。

从这样的角度来看，认知科学似乎并没有像预想的那样，成为跨学科的新科学。它更像是心理学在行为主义败北后，重新精心包装一番后出现在人们面前，试图再次跨入"科学"的范围。但心理学这样的尝试并不成功，在文章最后，作者们悲观地得出结论：总之，按照拉卡托斯的理论，认知科学已然无法衍生出“一个成功的研究纲领”。

如果连这个领域的顶尖学者都得出了这样的结论，那么我们是否已经可以给这门新兴的学科敲响丧钟，宣告它的死亡了呢？

2

尽管认知科学自诞生之日起就被寄予了“研究心灵本质”的重任，然而在将近半个世纪之后，一说起认知科学究竟是在研究什么，从刚入门的本科生到领域顶尖的学者，都面临着相同的不确定感。如果说认知科学主要是研究认知现象本身的，可是认知又指代的是什么呢？

从 20 世纪 50 年代图灵关于机器是否能“思考”的探讨（Turing，1950），到 90 年代末期心灵哲学家关于延展心灵的讨论（Clark and Chalmers，1998），再到近些年来越来越吸引眼球的“植物认知”（Calvo Garzón and Keijzer，2011），认知这一词所代指的领域似乎不断地扩展延伸，以至于有不少学者担心，这门学科本身已经失去了具体的研究范畴。

为了回应这样的担心，匹兹堡大学（University of Pittsburgh）的哲学系教授、认知科学哲学家科林·艾伦（Colin Allen）著文论证过在有关认知科学的研究中，追究“认知”定义的不必要性（Allen，2017）。他用生物学举了一个例子：即使到了今天，生物学家似乎也没有在“生命”的定义上达成一致，近些年更是有生物哲学家指出定义生命对于生物学“没有意义”，然而在缺失基础定义的情况下，生物学这门学科在近几十年来取得的重大突破仍然有目共睹（Machery，

2012）。

科林·艾伦主张，对于认知科学所研究的“认知”的定义，我们应当采取一种“放松的多元主义”的态度。他认为，一些哲学家所追寻的“认知标识”（mark of the cognitive）在真正的科学实践中缺乏实际的理论重要性。如同生物学家无法在“生命”的定义上达成一致，物理学家至今也没有提供一个统一的“物质”的基本定义，认知科学家不必因为无法异口同声地回答“什么是认知”而感到尴尬。

他认为，认知科学这个学科可以用三种方式定义：以理论为基础、以现象为基础和以社群为基础。其中以理论为基础定义的认知科学与2019年那篇为认知科学“敲响丧钟”的文章中所批判质疑的认知科学一脉相通：就如同那篇批评中所指出的那样，许多如心理表征的认知科学理论根基，都在不断面临着像具身认知等新兴理论的挑战。

然而，一种定义下的认知科学受到了冲击，并不意味着整门学科即将轰然崩塌。如果我们通过以现象为基础的方式来定义认知科学，那么无论是具身认知学派的认知科学家，还是传统的心理表征学派的认知科学家，都仍然在以各自的方式去探索记忆、语言、策划等高级认知现象。而“以社群为基础”的定义角度，更是经常被人忽视，甚至沦为笑谈：“认知科学学什么？认知科学，就是认知科学家在学的东西。”

但科学真的能离开科学家独立存在吗？

3

“柏拉图是我的朋友，亚里士多德是我的朋友，但我更好的朋友是真理。”

牛顿写下这句话的几个世纪后，如今的人们早已习惯了将科学视作一种独立于人类社会之外、凌驾于人类社会之上的实体。在唯科学论的盛行之下，人们对科学的相信逐渐带有了“信奉”与“迷信”的意味，也就自然忘了科学的背后都是有血有肉、有情有欲的科学家。

20 世纪 60 年代末，美国著名社会科学家唐纳德·坎贝尔（Donald T. Campbell）曾提出一个非常有趣的概念：学科的种族中心主义。他指出，每个学科都会在其内部形成一种关于自己学科的“民族主义情怀”。这样的现象在一定程度上是不可避免的：由于科学最终是无数个体成果的汇聚，所谓“知识与真理”最终都会变成一个“集合的社会产物”，只有同在一个领域内的同行能有资格去评判一项科学研究的好坏，而某一领域的科学正是这些领域内的科学家之间在“相互控制的原则”下不断推向前进的，那么在这样密切的互动之下，自然就会逐渐生出“同伙”与“非我族类”的区分。

自然，像认知科学这样的跨领域的新兴科学就会面临严峻的挑战：如果这个学科本身尚在襁褓之中，那么究竟谁能作为领域中的“元老人物”或“可以信赖的同行”，进行科研质量的评审呢？

在某种程度上，心理学家们的“占上风”，也许可以在一定程度上解释 2019 年那篇文章所发现的“心理学占上风”的现象。尤其值得指出的是，文章中分析的数据源期刊《认知科学》，在 2006 年至 2010 年担任执行编辑的亚瑟·马克曼

（Arthur Markman）自己的博士训练就来自心理学系，而他对心理学的偏好，更是在一定程度上催生了认知科学学会在2009年开始出版发行的第二份学会期刊——《认知科学话题》（*Topics in Cognitive Science*）。这份期刊诞生的目的就是填补《认知科学》等被心理学所“抢占风头”的期刊中留下的空白，致力于为所有自认为是认知科学家的跨领域研究者搭建一个讨论有争议的新话题的平台。

如果以《认知科学话题》作为资料源分析，也许我们看到的景象会大不相同。当然，这种以社群为基础定义认知科学的方式同样面临着自己的难题：如果说认知科学就是认知科学家所学的东西，那么谁又有资格自称“认知科学家”呢？这类自称的“认知科学家”，又由谁来认证资格呢？这些问题都是难以回答的。

不过这也许不是认知科学这个单独学科的问题。当我们将目光转向其他院系时，不难发现模糊的界定标准比比皆是。地理学何以统称为地理学？政治学又何以统称为政治学？当研究阿米巴原虫的科学家与分析分子蛋白结构的科学家都能被统称为生物学家时，这门学科的界限又在哪儿？他们为什么都能自称生物学家？在这个世界无穷无尽可以被探索的维度与方向中，高等教育中的院系设置，往往被尘封的历史偶然性主宰，难免显得随机而稀疏。

4

从某种角度来说，“认知科学怎么了？”更像是来自认知科学家的扪心自问。

在这篇文章发表之后的不久，《认知科学话题》就迅速推出了一期特刊，汇集了领域内的顶级学者的短评。这期特刊的主编，伦斯勒理工大学（Rensselaer Polytechnic Institute）认知科学系教授维恩·格雷（Wayne Gray）在他的编语里这样诙谐地写道："学者们何必咬牙切齿呢？毕竟，'多学科期刊'这样的字眼儿，一直都是我们的旗舰期刊《认知科学》自创刊以来的副标题。"（Gray，2019）

从这期特刊所囊括的十篇文章来看，学界对这篇文章有褒有贬。

来自佐治亚理工学院（Georgia Institute of Technology）的阿硕克·戈埃尔教授（Ashok Goel）热情洋溢地称赞了《认知科学怎么了？》。他认为这篇文章不仅起到了警示一场学术危机的作用，而且还为认知科学探索了一个更健康的发展轨迹——减少认知心理学家的组成，更好地增加目前这些被边缘化学科的存在感。戈埃尔还尖锐地指出了学会期刊行政管理上的问题：就拿认知科学学会和它最重要的两本招牌期刊《认知科学》和《认知科学话题》来说，目前学会的杰出会员和期刊的编委，都是由认知心理学家组成的——这样的现状，与认知科学刚刚诞生的70年代的真正"多学科盛况"，形成了鲜明对比，令人担忧（Goel，2019）。

但也有很多人持不同意见。

西北大学（Northwestern University）的黛德·根特纳（Dedre Gentner）就是反对者之一。根特纳在2016年荣获被称作认知科学界的诺贝尔奖的大卫·鲁梅尔哈特奖（David Rumelhart Prize）。她在70年代末于认知科学的发源地之一、加州大学圣地亚哥分校（University of California，San Diego）收获博士学位，师从认知科学界的奠基者之一唐纳德·A. 诺曼（Donald A. Norman），之后又在西北大学一手创立了认知科学项目。根特纳见证了认知科学从诞生到今天一路走来的历程，而她认为，《认知科学怎么了？》这篇文章的担忧是建立在对这个领域的误解之上的：认为认知科学已经背离了领域创始人的初衷，没能像他们所期待的那样形成一套整体的理论（Gentner，2019）。

可是这个学科的创始人真的是这么想的吗？根特纳分享了她和诺曼在 2019 年 8 月的一次交流。八十余岁高龄的诺曼这样写道："当年我协助创立这个学科、这个学会、这本期刊以及加州大学圣地亚哥分校这个认知科学系的时候，我绝对没有[①]认定以后我们将会对认知拥有一个统一的看法。我们甚至都不会在'认知'这个词的定义上达成一致。"

不过，根特纳确实认可《认知科学怎么了？》这篇文章中对于"心理学霸占认知科学"的现状的观察。事实上，早在十年前，根特纳就曾分析预测过心理学在认知科学中占比的走向（Gentner，2010）。如果按照当时心理学的增速来看，到了 2038 年，认知科学就会被心理学完全吞没。不过，近期的一项分析却为这样的趋势带来了新的转机。来自伦敦大学的理查德·库珀（Richard P. Cooper）对比了 2002 年至 2006 年和 2015 年至 2019 年这两个时间段认知科学中各领域的占比。他发现，尽管心理学仍占大多数，但它的所占比例从 78% 逐渐下滑到 70.7%，为更平衡的学科分布带来一丝曙光

---

① 原文单词使用了大写，"I most definitely did NOT..."。

（Cooper，2019）。

5

十年过去了，这样的质疑声仍然比比皆是，认知科学仍然站在聚光灯下，有人觉得它摇摇欲坠，有人觉得它容光焕发。在当下人工智能的浪潮中，世俗化的人类社会似乎从来没有像如今这样对心灵这种古老的现象产生过如此浓厚的兴趣。

纵观人类科学的发展史，也许很少有学科像认知科学一样，自诞生之日起就站在聚光灯之下。20世纪中后期，一场席卷心理学内部的“认知革命”，不仅重新塑造了我们对于心理学的研究范式，随着计算机技术与脑成像技术的发展与完善，也从根本上改变了人类对于心灵的理解。尤其近些年人工智能领域的风起云涌，更是让世界都将目光聚焦在“心灵的本质”这一困扰了人类文明几千年的谜题上。

在格雷撰写的特刊编语最后，他没有掩饰他对认知科学未来的憧憬——我们不仅拥有更强大的计算能力和计算建模的能力，同时，我们也生活在一个大数据的年代。许多新一代的认知科学家已经逐渐领悟到大数据与计算建模结合的强大力量。2015年，现在任职于普林斯顿大学（Princeton University）心理学系的托马斯·格里菲思（Thomas Griffiths）教授就曾在《认知》（*Cognition*）期刊上发表过题为《新（计算）认知革命宣言》。他认为，计算技术的发展赋予了认知科学新的工具：认知科学家现在可以通过网络收集成千上万人的行为数据。这样巨大的数据集所具有的潜力，是很多小规模的实验室实验无法媲美的。

比如，现在越来越多的认知科学家开始借用亚马逊的一项劳务众包平台（Amazon Mechanical Turk）进行实验。这项劳务众包平台的建设初衷是借用人的智能来更好地训练人工智能。因为现在许多人工智能的训练，都需要大量由人亲手标注的数据集。而这个平台就提供了一个对接人工智能训练者与“劳动力”的机会——只要训练者将任务发表在该网站上，就会有许许多多的注册用户完成这些任务，换取一定金额的报酬。

对认知科学家来说，由于大量的“人类劳动力”的存在，这个平台也为认知科学研究拓展了新的领地：只要把自己的线上实验发布在劳务众包平台上，不消一天，他们就有可能招集到几十甚至上百个被试。不仅节省了大量的时间与资源，而且还能收集到大量的数据，真正地将认知科学带入“大数据时代”。

自然，这样的线上实验也具有相应的局限性。首先，这样的实验能研究的问题范围极为有限，很难涉及如眼动等更精妙细微的行为。其次，由于被试都是在自己的家里使用电脑，它的数据里也会包含更多的噪声和不确定性。不仅如此，随着越来越多的认知科学实验涌入劳务众包平台，平台上的注册用户对这些心理学实验的态度，也会日益变化。人毕竟是人，很有可能会逐渐感到厌倦，从而导致数据质量的下滑。

但是，科学的进步总是伴随着各种各样的挑战。面对大数据所拥有的巨大潜力，认知科学只会迎难而上。毕竟，它所要探讨的问题是如此重要。波兰小说家约瑟夫·康拉德

(Joseph Conrad)曾在《黑暗之心》(*Heart of Darkness*)中写道："一个人的心灵是万能的：因为一切都藏蕴其中，不仅有所有的过去，还有所有的未来。毕竟，除此之外还有什么呢？"

当我们意识的洪流彻底中断的那天，我们还能有什么呢？心灵可以理解为我们与世界沟通的渠道，也可以理解为"我们"，或者"我们与这个世界"——这一切。没有人可以断言认知科学作为一门科学是否会失败，但也许我们可以很确定地说，人们对心灵的继续探索，无论时代如何变迁，都永远不会停驻。

参考文献

天生科学家

Anderson, E. M., Chang, Y. J., Hespos, S., and Gentner, D. (2018). Comparison within pairs promotes analogical abstraction in three-month-olds. *Cognition*, 176, 74-86.

Carey, S. (1985). *Conceptual change in childhood*.Cambridge, MA: The MIT Press.

Carey, S. and Spelke, E. (1996). Science and core knowledge. *Philosophy of science*, 63(4), 515-533.

Christie, S. and Gentner, D. (2014). Language helps children succeed on a classic analogy task. *Cognitive science*, 38(2), 383-397.

Doumas, L. A., Morrison, R. G., and Richland, L. E. (2018). Individual differences in relational learning and analogical reasoning: A computational model of longitudinal change. *Frontiers in psychology*, 9.

Dunbar, K. (1997). How scientists think: On-line creativity and conceptual change in science. *Creative thought*: *An investigation of conceptual structures and processes*, 4.

Gentner, D. and Maravilla, F. (2018). Analogical reasoning. In Ball, L. J. and Thompson, V. A. (eds.),

International handbook of thinking & reasoning (pp.186-203). New York: Psychology Press.

Gopnik, A. (1996). The scientist as child. *Philosophy of science*, 63(4), 485-514.

Kuhn, T. S. (1962). *The structure of scientific revolutions*. Chicago: University of Chicago Press.

Musgrave, A. and Pigden, C. (2016). "Imre Lakatos" , The Stanford Encyclopedia of Philosophy (Winter 2016 Edition), Zalta, E. N. (ed.)

Siegler, R. S., DeLoache, J. S., and Eisenberg, N. (2003). *How children develop*. New York: Worth Publishers.

你刚出生时，是如何理解这个世界的?

Allen, J. W. and Bickhard, M. H. (2013). Stepping off the pendulum: Why only an action-based approach can transcend the nativist–empiricist debate. *Cognitive development*, 28(2), 96-133.

Baillargeon, R., Spelke, E. S., and Wasserman, S. (1985). Object permanence in five-month-old infants. *Cognition*, 20(3), 191-208.

Cowie, F. (1999). What's within?: nativism reconsidered. Oxford: Oxford University Press.

Fodor, J. A. (1983). *The modularity of mind.* Cambridge, MA: The MIT Press.

Margolis, E. and Laurence, S. (2013). In defense of nativism. *Philosophical studies*, 165(2), 693-718.

Munakata, Y. (1998). Infant perseveration and implications for object permanence theories: A PDP model of the AB task. *Developmental science*, 1(2), 161-184.

Spelke, E. S. and Kinzler, K. D. (2007). Core knowledge. *Developmental science*, 10(1), 89-96.

Teller, D. Y. (1997). First glances: the vision of infants. the Friedenwald lecture. *Investigative ophthalmology & visual science*, 38(11), 2183-2203.

James, W. (1890). *The principles of psychology* (Vol. 1). New York: Cosimo, Inc.

Piaget, J. (1954). *The construction of reality in the child*. New York: Basic.

一二三四五，宝宝不怕数

Feigenson, L., Carey, S., and Hauser, M. (2002). The representations underlying infants’ choice of more: Object files versus analog magnitudes. *Psychological science*, 13(2), 150-156.

Feigenson, L., Dehaene, S., and Spelke, E. (2004). Core systems of number. *Trends in cognitive sciences*, 8(7), 307-314.

Friberg, J. (1984). Numbers and Measures in the Earliest Written Records. *Scientific American, 250*(2), 110-119. Retrieved March 7, 2020, from www.jstor.org/stable/24969304.

Le Corre, M. and Carey, S. (2007). One, two, three, four, nothing more: An investigation of the conceptual sources of the verbal counting principles. *Cognition*, 105(2), 395-438.

Richter, D., Grün, R., Joannes-Boyau, R., Steele, T. E., Amani, F., Rué, M., ..., and Hublin, J. J. (2017). The age of the hominin fossils from Jebel Irhoud, Morocco, and the origins of the Middle Stone Age. *Nature*, 546(7657), 293-296.

Shapiro, S. (2000). *Thinking about mathematics: The philosophy of mathematics*. Oxford：Oxford University.

Wynn, K. (1990). Children’s understanding of counting. *Cognition*, 36(2), 155-193.

Xu, F. and Spelke, E. S. (2000). Large number discrimination in 6-month-old infants. *Cognition*, 74(1), B1-B11.

宝宝也懂因果关系吗?

Bunge, M. (1979). Causality and modern science. New York: Routledge.

Buehner, M. J. and May, J. (2002). Knowledge mediates the timeframe of covariation assessment in human causal induction. *Thinking & reasoning*, 8(4), 269-295.

Cohen, L. B. and Amsel, G. (1998). Precursors to infants’ perception of the causality of a simple event. *Infant behavior and development*, 21(4), 713-731.

Danks, D. (2009). The Psychology of Causal Perception and Reasoning. In Beebee, H., Hitchcock, C., and Menzies, P. (eds.), *Oxford handbook of causation*. Oxford: Oxford University Press.

Glymour, C., Zhang, K., and Spirtes, P. (2019). Review of causal discovery methods based on graphical models. *Frontiers in genetics*, 10.

Hume, D. (1748). *An enquiry concerning human understanding: A critical edition* (Vol. 3). Oxford: Oxford University Press.

Joynson, R. B. (1971). Michotte's experimental methods. *British journal of psychology*, 62(3), 293-302.

Leslie, A. M. and Keeble, S. (1987). Do six-month-old infants perceive causality? *Cognition*, 25(3), 265-288.

Rakison, D. H. and Krogh, L. (2012). Does causal action facilitate causal perception in infants younger than 6 months of age? *Developmental science*, 15(1), 43-53.

Saxe, R. and Carey, S. (2006). The perception of causality in infancy. *Acta psychologica*, 123(1-2), 144-165.

Wagemans, J., Van Lier, R., and Scholl, B. J. (2006). Introduction to Michotte's heritage in perception and cognition research. *Acta psychologica*, 123(1-2), 1-19.

White, P. A. (2006). The role of activity in visual impressions of causality. *Acta psychologica*, 123(1-2), 166-185.

能够理解你的行为，宝宝全靠这些神经元

Aslin, R. N. (2014). Infant learning: Historical, conceptual, and methodological challenges. *Infancy*, 19(1), 2-27.

Buresh, J. S. and Woodward, A. L. (2007). Infants track action goals within and across agents. *Cognition*, 104(2), 287-314.

Heyes, C. (2010). Where do mirror neurons come from? *Neuroscience & biobehavioral reviews*, 34(4), 575-583.

Hickok, G. (2009). Eight problems for the mirror neuron theory of action understanding in monkeys and humans. *Journal of cognitive neuroscience*, 21(7), 1229-1243.

Koski, L., Wohlschläger, A., Bekkering, H., Woods, R. P., Dubeau, M. C., Mazziotta, J. C., and Iacoboni, M. (2002). Modulation of motor and premotor activity during imitation of target-directed actions. *Cerebral cortex*, 12(8), 847-855.

Rizzolatti, G., Camarda, R., Fogassi, L., Gentilucci, M., Luppino, G., and Matelli, M. (1988). Functional organization of inferior area 6 in the macaque monkey. *Experimental brain research*, 71(3), 491-507.

Rizzolatti, G., Fadiga, L., Gallese, V., and Fogassi, L. (1996). Premotor cortex and the recognition of motor actions. *Cognitive brain research*, 3(2), 131-141.

Rizzolatti, G., Fogassi, L., and Gallese, V. (2001). Neurophysiological mechanisms underlying the understanding and imitation of action. *Nature reviews neuroscience*, 2(9), 661-670.

Woodward, A. L. (1998). Infants selectively encode the goal object of an actor's reach. *Cognition*, 69(1), 1-34.

Woodward, A. L., Sommerville, J. A., Gerson, S., Henderson, A. M., and Buresh, J. (2009). The emergence of intention attribution in infancy. *Psychology of learning and motivation*, 51, 187-222.

宝宝的读心术

Baron-Cohen, S., Leslie, A. M., and Frith, U. (1985). Does the autistic child have a "theory of mind" . *Cognition*, 21(1), 37-46.

Barrett, H. C., Broesch, T., Scott, R. M., He, Z., Baillargeon, R., Wu, D., ..., and Laurence, S. (2013). Early false-belief understanding in traditional non-Western societies. *Proceedings of the Royal Society B: Biological Sciences*, 280(1755).

Butterfill, S. A. and Apperly, I. A. (2013). How to construct a minimal theory of mind. *Mind & language*, 28(5), 606-637.

Callaghan, T., Rochat, P., Lillard, A., Claux, M. L., Odden, H., Itakura, S., ..., and Singh, S. (2005). Synchrony in the onset of mental-state reasoning: Evidence from five cultures. *Psychological science*, 16(5), 378-384.

Luo, Y. (2011). Do 10-month-old infants understand others' false beliefs? *Cognition*, 121(3), 289-298.

Onishi, K. H. and Baillargeon, R. (2005). Do 15-month-old infants understand false beliefs? *Science*, 308(5719), 255-258.

Premack, D. and Woodruff, G. (1978). Does the chimpanzee have a theory of mind? *Behavioral and brain sciences*, 1(4), 515-526.

Scott, R. M. and Baillargeon, R. (2017). Early false-belief understanding. *Trends in cognitive sciences*, 21(4), 237-249.

Southgate, V. and Vernetti, A. (2014). Belief-based action prediction in preverbal infants. *Cognition*, 130(1), 1-10.

Surian, L., Caldi, S., and Sperber, D. (2007). Attribution of beliefs by 13-month-old infants. *Psychological science*, 18(7), 580-586.

Wellman, H. M., Fang, F., Liu, D., Zhu, L., and Liu, G. (2006).

Scaling of theory-of-mind understandings in Chinese children. *Psychological science*, 17(12), 1075-1081.

Wellman, H. M. and Liu, D. (2004). Scaling of theory - of - mind tasks. *Child development*, 75(2), 523-541.

Wimmer, H. and Perner, J. (1983). Beliefs about beliefs: Representation and constraining function of wrong beliefs in young children's understanding of deception. *Cognition*, 13(1), 103-128.

小朋友会把机器人当成人吗?

Beran, T. N., Ramirez-Serrano, A., Kuzyk, R., Fior, M., and Nugent, S. (2011). Understanding how children understand robots: Perceived animism in child–robot interaction. *International journal of human-computer studies*, 69(7-8), 539-550.

Bronfenbrenner, U. (1994). Ecological models of human development. *Readings on the development of children*, 2(1), 37-43.

Bullock, M. (1985). Animism in childhood thinking: A new look at an old question. *Developmental psychology*, 21(2), 217.

Heider, F. and Simmel, M. (1944). An experimental study of apparent behavior. *The American journal of psychology*, 57(2), 243-259.

Piaget, J. (1929). *The child's conception of the world*. London：Kegan Paul, Trench, Trübner & Co.

Poulin-Dubois, D., Lepage, A., and Ferland, D. (1996). Infants' concept of animacy. *Cognitive development*, 11(1), 19-36.

Rakison, D. H. and Poulin-Dubois, D. (2001). Developmental origin of the animate–inanimate distinction. *Psychological bulletin*, 127(2), 209.

Scholl, B. J. and Gao, T. (2013). Perceiving animacy and intentionality: Visual processing or higher-level judgment. *Social perception: Detection and interpretation of animacy, agency, and intention*, 4629.

人之初，性本善——道德真的是与生俱来的?

Boesch, C. and Boesch, H. (1989). Hunting behavior of wild chimpanzees in the Tai National Park. *American journal of physical anthropology*, 78(4), 547-573.

Gert, B. and Gert, J. “The Definition of Morality” , The Stanford Encyclopedia of Philosophy (Fall 2017 Edition), Zalta, E. N. (ed.), URL = <https://plato.stanford.edu/archives/fall2017/entries/morality-definition/>.

Churchland, P. S. and Winkielman, P. (2012). Modulating social behavior with oxytocin: how does it work? What does it mean? *Hormones and behavior*, 61(3), 392-399.

Darley, J. M. and Shultz, T. R. (1990). Moral rules: Their content and acquisition. *Annual review of psychology*, 41(1), 525-556.

Hamlin, J. K. (2015). Does the Infant Possess a Moral Concept? *The conceptual mind: New directions in the study of concepts*, 477.

Hamlin, J. K., Wynn, K., and Bloom, P. (2007). Social evaluation by preverbal infants. *Nature*, 450(7169), 557-559.

Hamlin, J., Wynn, K., and Bloom, P. (2010). Three - month - olds show a negativity bias in their social evaluations. *Developmental science*, 13(6), 923-929.

Hamlin, J. K., Wynn, K., Bloom, P., and Mahajan, N. (2011). How infants and toddlers react to antisocial others. *Proceedings of the national academy of sciences*, 108(50), 19931-19936.

Scarf, D., Imuta, K., Colombo, M., and Hayne, H. (2012). Social evaluation or simple association? Simple associations may explain moral reasoning in infants. *PloS one*, 7(8), e42698.

Tomasello, M. (2014). The ultra - social animal. *European journal osocial psychology*, 44(3), 187-194.

Warneken, F. and Tomasello, M. (2006). Altruistic helping in human infants and young chimpanzees. Science, 311(5765), 1301-1303.

Warneken, F. and Tomasello, M. (2008). Extrinsic rewards undermine altruistic tendencies in 20-month-olds. *Developmental psychology*, 44(6), 1785.

Young, L. and Saxe, R. (2009). An FMRI investigation of spontaneous mental state inference for moral judgment. *Journal of cognitive neuroscience*, 21(7), 1396-1405.

离不开文化的心理学

Beidelman, T. O. (1968). Some Nuer notions of nakedness,

nudity, and sexuality. *Africa*, 38(2), 113-131.

de Fockert, J., Davidoff, J., Fagot, J., Parron, C., and Goldstein, J. (2007). More accurate size contrast judgments in the Ebbinghaus Illusion by a remote culture. *Journal of experimental psychology: human perception and performance*, 33(3), 738.

Doherty, M. J., Campbell, N. M., Tsuji, H., and Phillips, W. A. (2010). The Ebbinghaus illusion deceives adults but not young children. *Developmental science*, 13(5), 714-721.

Feng, J., Ren, X., and Ma, X. (2017). Ongoing voluntary settlement and independent agency: Evidence from China. *Frontiers in psychology*, 8, 1287.

Freeman, N. H. and Habermann, G. M. (1996). Linguistic socialization: A Chinese perspective. In Bond, M. H. (ed.), *The handbook of Chinese psychology* (pp. 79-92). Oxford University Press.

Henrich, J., Heine, S. J., and Norenzayan, A. (2010). Most people are not WEIRD. *Nature*, 466(7302), 29-29.

Imada, T., Carlson, S. M., and Itakura, S. (2013). East–West cultural differences in context - sensitivity are evident in early childhood. *Developmental science*, 16(2), 198-208.

Ji, L. J., Zhang, Z., and Nisbett, R. E. (2004). Is it culture or is it language? Examination of language effects in cross-cultural research on categorization. *Journal of personality and social psychology*, 87(1), 57.

Kitayama, S., Ishii, K., Imada, T., Takemura, K., and

Ramaswamy, J. (2006). Voluntary settlement and the spirit of independence: Evidence from Japan's "northern frontier". *Journal of personality and social psychology*, 91(3), 369.

Latz, S., Wolf, A. W., and Lozoff, B. (1999). Cosleeping in context: sleep practices and problems in young children in Japan and the United States. *Archives of pediatrics & adolescent medicine*, 153(4), 339-346.

Miller, P. J., Wiley, A. R., Fung, H., and Liang, C. H. (1997). Personal storytelling as a medium of socialization in Chinese and American families. *Child development*, 68(3), 557-568.

Nisbett, R. E., Peng, K., Choi, I., and Norenzayan, A. (2001). Culture and systems of thought: holistic versus analytic cognition. *Psychological review*, 108(2), 291.

Ohbuchi, K. I. and Takahashi, Y. (1994). Cultural Styles of Conflict Management in Japanese and Americans: Passivity, Covertness, and Effectiveness of Strategies 1. *Journal of applied social psychology*, 24(15), 1345-1366.

Rad, M. S., Martingano, A. J., and Ginges, J. (2018). Toward a psychology of Homo sapiens: Making psychological science more representative of the human population. *Proceedings of the national academy of sciences*, 115(45), 11401-11405.

Senzaki, S., Masuda, T., Takada, A., and Okada, H. (2016). The communication of culturally dominant modes of attention from parents to children: a comparison of Canadian and Japanese parent-child conversations during a joint scene description task.

PloS one, 11(1).

Wang, Q. and Chang, L. (2010). Parenting and child socialization in contemporary China. In Bond, M. H. (ed.), Oxford library of psychology. *The Oxford handbook of Chinese psychology* (pp. 53-67). Oxford University Press.

业余爱好是研究语言学的他，就这样影响了心理学大半个世纪

Berlin, B. and Kay, P. (1969). *Basic color terms: Their universality and evolution*. Berkeley and Los Angeles: University of California Press.

Black, M. (1968) *The Labyrinth of Language*. New York: Frederick A. Praeger.

Boroditsky, L. (2001). Does language shape thought?: Mandarin and English speakers' conceptions of time. *Cognitive psychology*, 43(1), 1-22.

Brown, R. (1976) Reference: In Memorial Tribute to Eric Lenneberg. *Cognition*, 4:125-153.

Carroll, J. B. (2006). "Whorf, Benjamin Lee" . Encyclopedia of Cognitive Science. doi:10.1002/0470018860.s00451.

Feigenson, L. and Carey, S. (2003). Tracking individuals via object - files: evidence from infants' manual search. *Developmental science*, 6(5), 568-584.

Feigenson, L. and Carey, S. (2005). On the limits of infants' quantification of small object arrays. *Cognition*, 97(3), 295-313.

Feigenson, L. and Halberda, J. (2008). Conceptual knowledge increases infants' memory capacity. *Proceedings of the national academy of sciences*, 105(29), 9926-9930.

Ferry, A. L., Hespos, S. J., and Waxman, S. R. (2010). Categorization in 3 - and 4 - month - old infants: an advantage of words over tones. *Child development*, 81(2), 472-479.

Gentner, D. (2016). Language as cognitive tool kit: How language supports relational thought. *American psychologist*, 71(8), 650.

Imai, M. and Gentner, D. (1997). A cross-linguistic study of early word meaning: Universal ontology and linguistic influence. *Cognition*, 62(2), 169-200.

Imai, M. and Mazuka, R. (2007). Language - Relative Construal of Individuation Constrained by Universal Ontology: Revisiting Language Universals and Linguistic Relativity. *Cognitive science,* 31(3), 385-413.

Lubinski, D. (2004). John Bissell Carroll (1916-2003). *American psychologist,* 59(1), 43-44.

Rosch, E. H. (1973). Natural categories. *Cognitive psychology*, 4(3), 328-350.

Vales, C. and Smith, L. B. (2015). Words, shape, visual search and visual working memory in 3 - year - old children. *Developmental science*, 18(1), 65-79.

Whorf, B. L. (1952). Collected papers on metalinguistics. Department of State, Foreign Service Institute.

Whorf, B. L. (1956) Science and linguistics. In Carroll, J. B., Levinson, S. C., and Lee, P. (eds.), *Language, thought, and reality.* Cambridge, MA: MIT Press.

Winawer, J., Witthoft, N., Frank, M. C., Wu, L., Wade, A. R., and Boroditsky, L. (2007). Russian blues reveal effects of language on color discrimination. *Proceedings of the national academy of sciences*, 104(19), 7780-7785.

神奇的“嘎瓦盖问题”，小朋友才不怕呢

Bergelson, E. and Swingley, D. (2012). At 6–9 months, human infants know the meanings of many common nouns. *Proceedings of the national academy of sciences,* 109(9), 3253-3258.

Bergelson, E. and Swingley, D. (2013). The acquisition of abstract words by young infants. *Cognition*, 127(3), 391-397.

Ganger, J. and Brent, M. R. (2004). Reexamining the vocabulary spurt. *Developmental psychology*, 40(4), 621.

Gentner, D. (1982). Why nouns are learned before verbs: Linguistic relativity versus natural partitioning. Center for the Study of Reading Technical Report; no. 257.

Gentner, D. and Boroditsky, L. (2001). Individuation, relativity, and early word learning. *Language acquisition and conceptual development*, 3, 215-256.

Lewis, M., Cristiano, V., Lake, B. M., Kwan, T., and Frank, M. C. (2020). The role of developmental change and linguistic experience in the mutual exclusivity effect. *Cognition*, 198, 104191.

Markman, E. M. and Wachtel, G. F. (1988). Children's use of mutual exclusivity to constrain the meanings of words. *Cognitive psychology*, 20(2), 121-157.

Naigles, L. (1990). Children use syntax to learn verb meanings. *Journal of child language*, 17(2), 357-374.

Quine, W. V. O. (1960). *Word and object*. Cambridge, MA: The MIT Press.

Rorty, R. (1967). *The linguistic turn recent essays in philosophical method*. Chicago: University of Chicago Press.

Tardif, T., Gelman, S. A., and Xu, F. (1999). Putting the "noun bias" in context: A comparison of English and Mandarin. *Child development*, 70(3), 620-635.

学一门语言就够难了，那些双语宝宝是怎么做到的呢?

Adesope, O. O., Lavin, T., Thompson, T., and Ungerleider, C. (2010). A systematic review and meta-analysis of the cognitive correlates of bilingualism. *Review of educational research*, 80(2), 207-245.

Ardila, A., Pineda, D., and Rosselli, M. (2000). Correlation between intelligence test scores and executive function measures. *Archives of clinical neuropsychology*, 15(1), 31-36.

Bialystok, E. (1986). Factors in the growth of linguistic awareness. *Child development*, 498-510.

Bull, R., Espy, K. A., and Wiebe, S. A. (2008). Short-term memory, working memory, and executive functioning in preschoolers: Longitudinal predictors of mathematical achievement at age 7 years. *Developmental neuropsychology*, 33(3), 205-228.

Byers-Heinlein, K., Burns, T. C., and Werker, J. F. (2010). The roots of bilingualism in newborns. *Psychological science*, 21(3), 343-348.

Clark, C. A., Pritchard, V. E., and Woodward, L. J. (2010). Preschool executive functioning abilities predict early mathematics achievement. *Developmental psychology*, 46(5), 1176.

Dick, A. S., Garcia, N. L., Pruden, S. M., Thompson, W. K., Hawes, S. W., Sutherland, M. T., ..., and Gonzalez, R. (2019). No evidence for a bilingual executive function advantage in the ABCD study. *Nature human behaviour*, 3(7), 692-701.

Ervin, S. M. and Osgood, C. E. (1954). Second language learning and bilingualism. *Journal of abnormal and social psychology*, 49, 139-146.

Lanza, E. (1992). Can bilingual two-year-olds code-switch?. *Journal of child language*, 19(3), 633-658.

Marcon, R. A. and Coon, R. C. (1983). Communication styles of bilingual preschoolers in preferred and nonpreferred languages. *The Journal of genetic psychology*, 142(2), 189-202.

Meisel, J. M. (1989). Early differentiation of languages in bilingual children. *Bilingualism across the lifespan: Aspects of acquisition, maturity and loss*, 13, 40.

Miyake, A., Friedman, N. P., Emerson, M. J., Witzki, A. H.,

Howerter, A., and Wager, T. D. (2000). The unity and diversity of executive functions and their contributions to complex "frontal lobe" tasks: A latent variable analysis. *Cognitive psychology*, 41(1), 49-100.

Moon, C., Cooper, R. P., and Fifer, W. P. (1993). Two-day-olds prefer their native language. *Infant behavior and development*, 16(4), 495-500.

Paap, K. R., Johnson, H. A., and Sawi, O. (2015). Bilingual advantages in executive functioning either do not exist or are restricted to very specific and undetermined circumstances. *Cortex*, 69, 265-278.

Prior, A. and MacWhinney, B. (2010). A bilingual advantage in task switching. *Bilingualism*, 13(2), 253.

Quay, S. (1993). *Bilingual Evidence against the Principle of Contrast.*

Romaine, S. (1995). *Bilingualism.* New Jersey: Wiley-Blackwell.

Volterra, V. and Taeschner, T. (1978). The acquisition and development of language by bilingual children. *Journal of child language*, 5(2), 311-326.

Wei, L (2000). Dimensions of bilingualism. In: Wei L, editor. *The bilingualism reader*. New York: Routledge; 2000. pp. 3-25.

Zelazo, P. D. and Müller, U. (2011). Executive function in typical and atypical development. In Goswam, U. (ed.), *The Wiley-Blackwell handbook of childhood cognitive development* (pp.574–603). New Jersey: Wiley-Blackwell.

语言之源——一个颠覆了心理学的问题

Chomsky, N. (1959), A Review of BF Skinner's Verbal Behavior. *Language*, 35, no. 1 (1959): 26-58.

Claus, C. K. (2007). BF Skinner and TN Whitehead: a brief encounter, research similarities, hawthorne revisited, what next. *The Behavior analyst*, 30(1), 79-86.

Estes, W. K. (1950). Toward a statistical theory of learning. *Psychological review*, 57(2), 94.

Naigles, L. (1990). Children use syntax to learn verb meanings. *Journal of child language*, 17(2), 357-374.

Kimble, G. (ed.). (1998). Introduction to the Transaction Edition. *Behaviorism*. New York: Routledge.

Pullum, G. K. and Scholz, B. C. (2002). Empirical assessment of stimulus poverty arguments. *The linguistic review*, 19(1-2), 9-50.

Shultz, S. and Vouloumanos, A. (2010). Three-month-olds prefer speech to other naturally occurring signals. *Language learning and development*, 6(4), 241-257.

Skinner, B. F. (1960). Pigeons in a pelican. *American psychologist*, 15(1), 28.

Skinner, B. F. (1977). Why I am not a cognitive psychologist. *Behaviorism*, 5(2), 1-10.

Vouloumanos, A. and Werker, J. F. (2007). Listening to language at birth: Evidence for a bias for speech in neonates.

Developmental science, 10(2), 159-164.

人类语言从何而来?

Allmon, W. D. (2016). Darwin and palaeontology: a re-evaluation of his interpretation of the fossil record. *Historical biology*, 28(5), 680-706.

Butterworth, G. (2001). Joint Visual Attention in Infancy. *Blackwell handbook of infant development*, 213.

Christiansen, M. H. (2014). Evolutionary perspectives on language development. In Brooks, P. and Kempe, V. (eds.), *Encyclopedia of language development* (pp.206-209). Thousand Oaks, CA: Sage Publications.

Christiansen, M. H. and Kirby, S. (2003). Language evolution: Consensus and controversies. *Trends in cognitive sciences*, 7(7), 300-307.

Gould, J. L. (1975). Honey bee recruitment: the dance-language controversy. *Science*, 189(4204), 685-693.

Hayes, K. J. and Hayes, C. (1951). The intellectual development of a home-raised chimpanzee. *Proceedings of the american philosophical society*, 95(2), 105-109.

Hockett, C. F. and Hockett, C. D. (1960). The origin of speech. *Scientific American*, 203(3), 88-97.

Itakura, S. (2004). Gaze - following and joint visual attention in nonhuman animals. *Japanese psychological research*, 46(3), 216-226.

Lai, C. S., Fisher, S. E., Hurst, J. A., Vargha-Khadem, F., and Monaco, A. P. (2001). A forkhead-domain gene is mutated in a severe speech and language disorder. *Nature,* 413(6855), 519-523.

Markus, J., Mundy, P., Morales, M., Delgado, C. E., and Yale, M. (2000). Individual differences in infant skills as predictors of child - caregiver joint attention and language. *Social development*, 9(3), 302-315.

Mikkelsen, T., Hillier, L., Eichler, E., Zody, M., Jaffe, D., Yang, S. P., ..., and Archidiacono, N. (2005). Initial sequence of the chimpanzee genome and comparison with the human genome. *Nature*, 437(7055), 69-87.

Ortega-Hernández, J., Lerosey-Aubril, R., and Pates, S. (2019). Proclivity of nervous system preservation in Cambrian Burgess Shale-type deposits. *Proceedings of the royal society B*, 286(1917), 20192370.

Prüfer, K., Munch, K., Hellmann, I., Akagi, K., Miller, J. R., Walenz, B., ..., and Knight, J. R. (2012). The bonobo genome compared with the chimpanzee and human genomes. *Nature*, 486(7404), 527-531.

Rumbaugh, D. M. and Beran, M. J. (2006). *Language acquisition by animals*. Hoboken: John Wiley & Son.

Scally, A., Dutheil, J. Y., Hillier, L. W., Jordan, G. E., Goodhead, I., Herrero, J., ..., and McCarthy, S. (2012). Insights into hominid evolution from the gorilla genome sequence. *Nature*, 483(7388), 169-175.

Tomasello, M. (2008). *Origins of human communication*. Cambridge, MA: The MIT Press.

Tomasello, M. and Farrar, M. J. (1986). Joint attention and early language. *Child development*, 1454-1463.

Warneken, F., Chen, F., and Tomasello, M. (2006). Cooperative activities in young children and chimpanzees. *Child development*, 77(3), 640-663.

小宝宝这么聪明，大宝宝怎么这么“傻”呢?

Anderson, J. R. (1996). ACT: A simple theory of complex cognition. *American psychologist*, 51(4), 355.

Berthier, N. E., DeBlois, S., Poirier, C. R., Novak, M. A., and Clifton, R. K. (2000). Where's the ball? Two-and three-year-olds reason about unseen events. *Developmental psychology*, 36(3), 394.

Butler, S. C., Berthier, N. E., and Clifton, R. K. (2002). Two-year-olds' search strategies and visual tracking in a hidden displacement task. *Developmental psychology*, 38(4), 581.

Hamlin, J., Wynn, K., and Bloom, P. (2010). Three - month - olds show a negativity bias in their social evaluations. *Developmental science*, 13(6), 923-929.

Keen, R. (2003). Representation of objects and events: Why do infants look so smart and toddlers look so dumb? *Current directions in psychological science*, 12(3), 79-83.

Luo, Y. (2011). Do 10-month-old infants understand others'

false beliefs? *Cognition*, 121(3), 289-298.

Mash, C., Keen, R., and Berthier, N. E. (2003). Visual access and attention in two - year - olds' event reasoning and object search. *Infancy*, 4(3), 371-388.

Perner, J., Leekam, S. R., and Wimmer, H. (1987). Three - year - olds' difficulty with false belief: The case for a conceptual deficit. *British journal of developmental psychology*, 5(2), 125-137.

Rubio-Fernández, P. (2019). Publication standards in infancy research: Three ways to make Violation-of-Expectation studies more reliable. *Infant behavior and development*, 54, 177-188.

Spelke, E. S., Breinlinger, K., Macomber, J., and Jacobson, K. (1992). Origins of knowledge. *Psychological review*, 99(4), 605.

Sullivan, J., Mei, M., Perfors, A., Wojcik, E. H., and Frank, M. C. (2020). SAYCam: A large, longitudinal audiovisual dataset recorded from the infant's perspective. PsyArXiv.

Tomasello, M. and Haberl, K. (2003). Understanding attention: 12-and 18-month-olds know what is new for other persons. *Developmental psychology*, 39(5), 906.

进化心理学，可能吗？

Barkow, J. H., Cosmides, L., and Tooby, J. (eds.). (1992). *The adapted mind: Evolutionary psychology and the generation of culture*. Oxford: Oxford University Press, USA.

Baron, A. S., Pun, A., Dunham, Y., and Barner, D. (2016).

Developmental origins of social group preferences. *Core knowledge and conceptual change*, 365-383.

Buss, D. M. (2020). Evolutionary psychology is a scientific revolution. *Evolutionary behavioral sciences*, 14(4), 316-323.

Cosmides, L. and Tooby, J. (1997). Evolutionary psychology: A primer.In Downes, S. and Machery, E. (eds.), *Arguing about human nature: con temporary debates* (2013). Routledge, New York, pp. 83-92

Cosmides, L., Tooby, J., and Kurzban, R. (2003). Perceptions of race. *Trends in cognitive sciences*, 7(4), 173-179.

Darwin, C. (1859) *On the origin of species by means of natural selection, or preservation of favoured races in the struggle for life*. London：John Murray.

Goetz, A. T. and Causey, K. (2009). Sex differences in perceptions of infidelity: Men often assume the worst. *Evolutionary psychology,* 7(2), 147470490900700208.

Gould, S. J., and Lewontin, R. C. (1979). The spandrels of San Marco and the Panglossian paradigm: a critique of the adaptationist programme. Proceedings of the royal society of London. Series B. *Biological sciences*, 205(1161), 581-598.

Hansson, S. O. (2008). “Science and pseudo-science” . The Stanford Encyclopedia of Philosophy (Summer 2017 Edition), Zalta, E. N. (ed.).

Katona, F. (1998). How primitive is the Moro reflex? *European journal of paediatric neurology*, 2(2), 105-106.

Kenrick, D. T., Sadalla, E. K., Groth, G., and Trost, M. R. (1990). Evolution, traits, and the stages of human courtship: Qualifying the parental investment model. *Journal of personality*, 58(1), 97-116.

Ketelaar, T. and Ellis, B. J. (2000). Are evolutionary explanations unfalsifiable? Evolutionary psychology and the Lakatosian philosophy of science. *Psychological inquiry*, 11(1), 1-21.

Li, N. P. and Kenrick, D. T. (2006). Sex similarities and differences in preferences for short-term mates: What, whether, and why. *Journal of personality and social psychology*, 90(3), 468.

Newell, A. (1973). You can't play 20 questions with nature and win: Projective comments on the papers in this symposium. In Chase, W. G. (ed.), *Visual information processing*. Pennsylvania: Academic Press.

Smith, S. E. (2020). Is Evolutionary Psychology Possible? *Biological theory*, 15(1), 39-49. doi:10.1007/s13752-019-00336-4

Spelke, E. S. and Kinzler, K. D. (2007). Core knowledge. *Developmental science*, 10(1), 89-96.

你是女孩子，天生就应该……

Beery, A. K. and Zucker, I. (2011). Sex bias inneuroscience and biomedical research. *Neuroscience & biobehavioral reviews*, 35(3), 565-572.

Bian, L., Leslie, S. J., and Cimpian, A. (2017). Gender

stereotypes about intellectual ability emerge early and influence children's interests. *Science*, 355(6323), 389-391.

Cvencek, D., Meltzoff, A. N., and Greenwald, A. G. (2011). Math–gender stereotypes in elementary school children. *Child development*, 82(3), 766-779.

De Vries, G. J. (2004). Minireview: sex differences inadult and developing brains: compensation, compensation, compensation. *Endocrinology*, 145(3), 1063-1068.

Eliot, L. (2019). Neurosexism: the myth that men andwomen have different brains. *Nature*, 566, 453-454.

Feng, J., Spence, I., and Pratt, J. (2007). Playingan action video game reduces genderdifferences in spatial cognition. *Psychologicalscience*, 18(10), 850-855.

Gobinath, A. R., Choleris, E., and Galea, L. A.(2017). Sex, hormones, and genotype interact to influence psychiatric disease,treatment, and behavioral research. *Journal of neuroscience research*, 95(1-2),50-64.

Joel, D. (2012). Genetic-gonadal-genitals sex (3G-sex)and the misconception of brain and gender, or, why 3G-males and 3G-females haveintersex brain and intersex gender. *Biology of sex differences*, 3(1), 27.

Joel, D., Berman, Z., Tavor, I., Wexler, N., Gaber,O., Stein, Y., ..., and Liem, F. (2015). Sex beyond the genitalia: The humanbrain mosaic. *Proceedings of the national academy of sciences*, 112(50),15468-15473.

Joel, D. and McCarthy, M. M. (2017). Incorporatingsex as a biological variable in neuropsychiatric research: where are we now andwhere should we be? *Neuropsychopharmacology*, 42(2), 379.

Jordan-Young, R. and Rumiati, R. I. (2012). Hardwired for sexism? Approaches to sex/gender in neuroscience. *Neuroethics*, 5(3), 305-315.

Lewis, M., Borkenhagen, M. C., Converse, E., Lupyan, G., and Seidenberg, M. S. (2020, March 30). What might books be teaching young children about gender? https://doi.org/10.31234/osf.io/ntgfe.

Maguire, E. A., Woollett, K., and Spiers, H. J.(2006). London taxi drivers and bus drivers: a structural MRI andneuropsychological analysis. *Hippocampus*, 16(12), 1091-1101.

Mazure, C. M. and Swendsen, J. (2016). Sex differencesin Alzheimer's disease and other dementias. The Lancet. *Neurology*, 15(5), 451.

McCarthy, M. M., Pickett, L. A., VanRyzin, J. W., and Kight, K. E. (2015). Surprising origins of sex differences in the brain. *Hormones and behavior*, 76, 3-10.

Ritchie, S. J., Cox, S. R., Shen, X., Lombardo, M. V.,Reus, L. M., Alloza, C., ..., and Liewald, D. C. (2018). Sex differences inthe adult human brain: evidence from 5216 UK Biobank participants. *Cerebral cortex*, 28(8), 2959-2975.

Voyer, D., Voyer, S., and Bryden, M. P. (1995). Magnitude of sex differences in spatial abilities: A meta-analysis andconsideration of critical variables. *Psychological bulletin*, 117(2), 250–270.doi:10.1037/0033-2909.117.2.250.

先天 vs 后天：300 年前的哲学问题，脑科学回答了？

Bonn, C. D., Netskou, M. E., Streri, A., and de Hevia, M. D. (2019). The association of brightness with number/duration in human newborns. *PloS one*, 14(10), e0223192.

Glenney, B. (2012). Leibniz on Molyneux's Question. *History of philosophy quarterly*, 29(3), 247-264.

Hübener, M. and Bonhoeffer, T. (2014). Neuronal plasticity: beyond the critical period. *Cell*, 159(4), 727-737.

Kim, J. (1988). What is "naturalized epistemology"? *Philosophical perspectives*, 2, 381-405.

Ostrovsky, Y., Meyers, E., Ganesh, S., Mathur, U., and Sinha, P. (2009). Visual parsing after recovery from blindness. *Psychological science*, 20(12), 1484-1491.

Röder, B., Stock, O., Bien, S., Neville, H., and Rösler, F. (2002). Speech processing activates visual cortex in congenitally blind humans. *European journal of neuroscience*, 16(5), 930-936.

Sadato, N., Pascual-Leone, A., Grafman, J., Ibañez, V., Deiber, M. P., Dold, G., and Hallett, M. (1996). Activation of the primary visual cortex by Braille reading in blind subjects. *Nature*, 380(6574), 526.

Sinha, P., Chatterjee, G., Gandhi, T., and Kalia, A. (2013). Restoring vision through "Project Prakash" : the opportunities for merging science and service. *PLoS biology*, 11(12), e1001741.

Streri, A. (2012). Crossmodal interactions in the human newborn: New answers to Molyneux's question. In Bremner, A. J., Lewkowicz, D. J., and Spence, C. (eds.), *Multisensory development* (pp.88-112). Oxford University Press. https://doi.org/10.1093/acprof:oso/9780199586059.003.0004.

Streri, A. and Gentaz, E. (2003). Cross-modal recognition of shape from hand to eyes in human newborns. *Somatosensory & motor research*, 20(1), 13-18.

Weeks, R., Horwitz, B., Aziz - Sultan, A., Tian, B., Wessinger, C.M., Cohen, L.G., Hallett, M., and Rauschecker, J.P. (2000) A positron emission tomographic study of auditory localization in the congenitally blind. *Journal of neuroscience*, 20, 2664-2672.

尾声：认知科学死了吗?

Allen, C. (2017). On (not) defining cognition. *Synthese*, 194(11), 4233-4249.

Calvo Garzón, P. and Keijzer, F. (2011). Plants: Adaptive behavior, root-brains, and minimal cognition. *Adaptive behavior*, 19(3), 155-171.

Clark, A. and Chalmers, D. (1998). The extended mind. *Analysis*, 58(1), 7-19.

Campbell, D. T. (1969).. Ethnocentrism of disciplines and the fish-scale model of omniscience. *Interdisciplinary relationships in the social sciences*, 328, 348.

Cooper, R. P. (2019). Multidisciplinary flux and multiple research traditions within cognitive science. *Topics in cognitive science*, 11(4), 869-879.

Gentner, D. (2010). Psychology in cognitive science: 1978–2038. *Topics in cognitive science,* 2(3), 328-344.

Gentner, D. (2019). Cognitive science is and should be pluralistic. *Topics in cognitive science*, 11(4), 884-891.

Goel, V. (2012). Limits of cognitive science's contribution to neuroscience. *Cortex: a journal devoted to the study of the nervous system and behavior*, 48(10), 1379-1380.

Goel, A. (2019). A Cognitive Reformation. *Topics in cognitive science*, 11(4), 892-901.

Gray, W. D. (2019). Welcome to Cognitive Science: The Once and Future Multidisciplinary Society. *Topics in cognitive science*, 11(4), 838-844.

Griffiths, T. L. (2015). Manifesto for a new (computational) cognitive revolution. *Cognition*, 135, 21-23.

Machery, E. (2012). Why I stopped worrying about the definition of life ... and why you should as well. *Synthese*, 185(1), 145-164.

Núñez, R., Allen, M., Gao, R., Rigoli, C. M., Relaford-Doyle, J., and Semenuks, A. (2019). What happened to cognitive science?

Nature human behaviour, 782-791.

Turing, AM (1950). Computing machinery and intelligence. *Mind*, 59(236), 433.

图书在版编目（CIP）数据

天生科学家：破解儿童语言及行为的密码 / 曹安洁著．—北京：中国法制出版社，2021.7
ISBN 978-7-5216-1927-0

Ⅰ．①天…　Ⅱ．①曹…　Ⅲ．①儿童心理学　Ⅳ．① B844.1

中国版本图书馆 CIP 数据核字（2021）第 110474 号

责任编辑：陈晓冉（chenxiaoran 2003@126.com）　　封面设计：汪要军

天生科学家：破解儿童语言及行为的密码

TIANSHENG KEXUEJIA: POJIE ERTONG YUYAN JI XINGWEI DE MIMA

著者 / 曹安洁

经销 / 新华书店

印刷 / 三河市国英印务有限公司

开本 / 880 毫米 ×1230 毫米　32 开　　印张 / 8.25　字数 / 171 千

版次 / 2021 年 7 月第 1 版　　2021 年 7 月第 1 次印刷

中国法制出版社出版

书号 ISBN 978-7-5216-1927-0　　定价：42.80 元

值班电话：010-66026508

北京西单横二条 2 号　邮政编码 100031　　传真：010-66031119

网址：http://www.zgfzs.com　　**编辑部电话：010-66071900**

市场营销部电话：010-66033393　　**邮购部电话：010-66033288**

（如有印装质量问题，请与本社印务部联系调换。电话：010－66032926）